高等院校旅游管理专业规划教材

旅游商品包装设计

主 编 翁 栋

FLIGHT

SEAT

GATE

BOARDING TIME

ZHEJIANG UNIVERSITY PRESS
浙江大学出版社

图书在版编目（CIP）数据

旅游商品包装设计 / 翁栋主编. —杭州：浙江大学出版社，2021.9
ISBN 978-7-308-21744-6

Ⅰ.①旅… Ⅱ.①翁… Ⅲ.①旅游商品—包装设计
Ⅳ.①TB482

中国版本图书馆 CIP 数据核字(2021)第 190146 号

旅游商品包装设计

翁　栋　主编

责任编辑	徐　霞	
责任校对	汪　潇　杨利军	
封面设计	周　灵　俞亚彤	
出版发行	浙江大学出版社	

（杭州市天目山路 148 号　邮政编码 310007）

（网址：http://www.zjupress.com）

排　　版	杭州青翊图文设计有限公司
印　　刷	杭州钱江彩色印务有限公司
开　　本	787mm×1092mm　1/16
印　　张	8
字　　数	195 千
版印次	2021 年 9 月第 1 版　2021 年 9 月第 1 次印刷
书　　号	ISBN 978-7-308-21744-6
定　　价	29.00 元

前　言

在党的十八大报告中,提升文化软实力与保持经济健康发展、提升人民生活水平等一起,被列为实现"建成小康社会"目标的重要任务,文化产业的支柱性地位再次被强调。旅游业作为与文化密切相关的产业,其发展是文化建设的重要组成部分。旅游商品的开发与发展作为旅游业关键的内容要素,其市场竞争与营销的重要手段之一便是包装设计。旅游商品的包装设计应作为一种文化形态来看待,加强其设计的文化性,丰富旅游商品的内涵,提高商品的文化品位,这将对提高旅游商品的销售量起到至关重要的作用。

为了满足日益增长的市场需求,加快商品包装设计专业技能型应用人才培养的步伐,迅速提高学生及商品包装设计和艺术设计从业者的专业素质,我们特意组织多年从事一线商品包装设计教学与创作实践活动的老师,并联合缙云县文化广电和旅游局、开元酒店集团等校企合作单位,共同精心编写了本教材。

本书力图做到理论上的清晰性、技法上的启示性、操作上的写实性的全面统一,既为读者提供完整的旅游商品包装设计理论,又为读者提供可以借鉴的旅游商品包装设计技能,具有选材新颖、知识系统、观点科学、案例真实、贴近实际、突出实用性、易于理解掌握等特点。因此本书可作为普通高等院校包装设计、工商管理、旅游管理等专业教学的首选教材,同时兼顾高职高专、应用型大学的教学特色;也可作为商品包装设计人员在职培训用书,并可为包装设计从业者职业资格和职称考试提供指导。

本书共7章,以学习者应用能力培养为主线,针对旅游商品包装设计企业对设计人员专业技能素质的实际需求,根据包装设计操作规程,系统介绍旅游商品包装设计概述、包装设计的历史及发展、旅游商品包装中地域文化的转译形式、包装的材料与结构设计、包装设计程序、旅游商品包装设计的应用规律、旅游商品包装设计项目实践。本书通过实证案例分析讲解,启发读者开拓思路,提高应用技能与能力。

本书在编写过程中参阅和采用了部分设计书籍、期刊和设计网站的图例,由于来源复杂,不能一一标注出作者,在此表示歉意和谢意。

因旅游商品包装设计发展速度快,且编者水平有限,书中难免存在疏漏和不足,恳请同行和读者批评、指正。

编者

2021 年 8 月

目　录

第 **1** 章

旅游商品包装设计概述

　　随着社会的发展,旅游业已成为全球经济中发展势头最强劲和规模最大的产业之一。旅游业对城市经济的拉动性、社会就业的带动力以及对文化与环境的促进作用日益显现。目前,我国正在从世界旅游大国向世界旅游强国迈进,旅游业已成为中国经济发展的支柱性产业之一。

　　在"吃、住、行、游、购、娱"六项旅游消费中,"购"的弹性最大,可挖掘的经济效益的潜力巨大,是提高旅游收入的重要增长点。世界上旅游业发达的国家和地区都十分重视发展旅游购物,许多国家的旅游业主要依靠旅游购物来支撑。目前,世界旅游购物收入平均水平在30％左右。一些旅游业较发达的国家和地区,其购物收入水平高达40％～60％甚至以上。旅游商品是发展旅游购物的基础,旅游商品的开发创新是旅游购物可持续增长的关键。

　　旅游商品是指旅游者在旅游活动过程中所购买的以物质形态存在的商品。广义上讲,旅游商品几乎涉及所有商品门类;即便在狭义上,也涵盖所有的工艺品和土特产品,并拥有很广的外延。这里,我们将旅游商品暂定为:旅游目的地特有的具有当地特点和特色的商品,比如旅游纪念品、旅游工艺品、土特产品等。要加快旅游商品的发展,就必须认真研究和分析旅游商品消费的特点和旅游者的购物喜好,开发出独具特色的旅游商品,做到多元化、多品种、多规格,满足各层次旅游者的需要。

　　旅游商品的经济效益要通过旅游商品的销售得到实现。旅游商品良好的销售业绩,除了旅游商品本身的特色品质和销售模式外,很重要的一点,就是旅游商品的包装设计如何。据研究,成功的包装设计能提高旅游商品20％～30％的附加值。

1.1　旅游商品包装的定义

　　旅游商品的包装设计是品牌理念、产品特性、消费心理的综合反映,它直接影响到旅游消费者的购买欲。目前,旅游商品的包装设计环节,得到了一定程度的重视,相较于以前有了很大的提高。但是仍然有不少颇具特色的旅游商品,因为包装意识淡薄,不注重品牌形象,认为只要把旅游商品包在里面就行了,包装粗陋,甚至处于裸包装状态,很难吸引旅游消费者的注意和兴趣；有些旅游商品，包装策略不到位，包装设计风格老化，缺乏个性特色，其包装设计已经跟不上时代发展的需要，难以得到瞩目和青睐；有些旅游商品，缺乏品牌战略，包装设计虽然貌似精美，但缺乏明确的主导形象定位，给人杂乱的印象，其包装不利于为旅游消费者建立明确的品牌认知，因而，旅游商品的包装设计一定程度上影响了旅游消费者的购买欲望。可见，包装设计的脱节滞后，已经严重阻碍了旅游商品的销售，很难达到预期的经济效益。

本书对旅游商品包装的定义为：在包装设计中考虑对旅游商品销售市场的影响，在尺寸结构、视觉元素与材料等方面运用通用设计手法，让包装能够在不同销售渠道间通用，在不同商品间通用，以增加旅游商品包装对品牌文化推广、物流运输和环境保护的适应性。

1.2　旅游商品包装的作用和要求

1.2.1　保护功能

保护商品不受损和消费者的使用安全是包装设计最根本的出发点。在设计商品包装时，应当根据商品的属性来考虑储藏、运输、展销、携带及使用安全等方面的问题，采取不同的材料结构、安全保护措施来应对需要。目前，可供选用的材料包括金属、玻璃、陶瓷、塑料、卡纸等。在选择包装材料时，既要保证材料的抗震、抗压、抗拉、抗挤、抗磨性能，还要注意商品的防晒、防潮、防腐、防漏、防燃等问题，确保商品在任何情况下都完好无损。食品和饮料占包装商品总数的70%，消费者希望看到产品在保质期内是卫生、安全的。包装在避免产品受损及其卫生上起到了至关重要的作用。对于衍生产品如医药用品、化妆品、清洁用品同样如此，良好的包装使这些产品得到保护，使其在储存和使用期间不变质。

1.2.2　方便功能

产品从生产、储存、运输、销售到使用的每个环节都能体现包装的便利性，设计包装时应从多个方面考虑问题。①从生产的角度讲，包装的造型和结构应尽量简洁以符合流程化的生产标准，材料的选择需符合造型结构需求，便于机械化生产。②就储存和运输而言，包装设计需要考虑运输工具的内部空间因素以及载荷问题，即在质量、体积等要素上尽量节省空间，同时考虑材料的承重性和存放条件。③销售过程中的便利性则体现在包装可以让消费者迅速筛选出自己需要的产品，使商家易于分类，即在包装设计时，应根据不同的消费群体和销售市场做出合理的分类设计。④在使用中，包装的操作程序要简单易于开解，特殊产品应达到开启后仍可以保存的要求。⑤除此之外，质量、体积也应适当，易于取放；部分包装还要考虑到重复利用和回收等方面的问题。

包装还要便于有效利用。在销售环节中,针对不同消费者群体采用的个性化包装设计是为了满足消费者日益增长的个性化需求,同时利于产品的销售。比如,饮料和食品的包装设计要满足各类游客的需要,为了便于在旅游目的地游览时携带,故宜设计出经济实惠的中小瓶装、小袋装等。

1.2.3 促销功能

促进商品销售是包装设计最重要的理念之一。过去人们购买商品时主要依靠售货员的推销和介绍,而现在超市自选成为人们购买商品最普遍的途径。在消费者自主购物过程中,商品包装自然而然地充当着无声的广告或无声的推销员角色。如果商品包装设计能够吸引广大消费者的视线并充分激发其购买欲望,那么该包装设计就成功体现了促销功能。

包装要向消费者传达产品的类别、性质、容量、使用方法、保质期等信息,从而引导消费者的购买行为,同时更要体现产品的独特性,使商品轻易地达到自我推销的目的,使消费者迅速便捷地选出所需商品。色彩、图形、图像、造型等包装构成要素在设计时要服务于促进销售的理念。

1.2.4 社会功能

包装的社会功能主要包括以下四个方面:安全性、人性化、艺术性和环保性。

1.安全性

包装的安全性体现在如下三个方面。其一,包装材料的选择。包装材料必须符合卫生标准,使用对人体无害的绿色包装材料,同时应使用可降解材料,利于回收和循环使用,防止环境污染。其二,防伪。包装使用独特的编码、安全防伪标记等措施以防止市场上假冒伪劣产品的出现,比如防止生产假冒伪劣产品的商家在原包装中直接装入假货,或者剽窃知名品牌的包装设计,装入低劣的产品。其三,特殊的产品包装。比如药品,设计上必须要植入大量的可识性元素,让使用者一目了然,避免发生误食药物的安全隐患。再如很多家庭日常用品,像一些有腐蚀性的洗涤剂、杀虫剂等产品的包装,需要考虑其包装的产品对儿童的潜在影响,应采用儿童安全包装设计。提高包装设计的安全性是为了满足消费者日益增长的使用安全需求。

2.人性化

优秀的包装设计必须考虑到商品的储藏、运输、展销以及消费者的携带与开启等方方面面的内容。为此,在设计商品包装时,必须要注意包装结构的比例合理、结构严谨、造型精美,重点突出包装的形态与材质美、对比与协调美、节奏与韵律美,将形式与功能相结合,从而适合生产、销售及使用。常见的商品包装结构主要有手提式、插口式、有盖式、开窗式、抽屉式和变形式等。

3.艺术性

优秀的包装设计还应当具有完美的艺术性。包装不仅能展示商品,还能美化商品。包装精美、艺术欣赏价值高的商品更容易从大堆商品中脱颖而出,给人以美的享受,而赢得消费者青睐。故宫博物院作为中国最大的古代文化艺术博物馆,拥有无数件珍贵藏品。截至2019年,故宫博物院已经开发出8700余种文创产品,年营业额达到了15亿元,是国内文创产品开发相对成功的博物馆机构之一。虽然故宫博物院是皇家气质十分浓厚的文化机构,但是在产品设计以及包装设计的过程中,通过创意形成了上承皇家气质、下接地气的产品风格,以亲民的设计理念让文创产品受到大众的追捧。

4.环保性

现代社会,大众的环保意识普遍提升。在生态环境保护潮流下,只有不污染环境、不损害人体健康的商品包装设计才可能成为消费者最终的选择。特别是在食品包装方面,更应当注重采用绿色包装。

1.3 旅游商品包装的分类

现代社会产业逐渐细化,商品种类繁多,如食品、文具、纺织品、玩具、电器、洗化用品等不胜枚举,因此旅游商品的包装也需要呈现多元化的特征。随着社会的不断发展,各种新工艺、新材料不断涌现,观念不断更新,促使商品包装的分类多元化。旅游商品包装是一类较大的集合总体,对旅游商品包装进行分类,有利于进行设计管理,常见的旅游商品包装有以下几种分类方式。

1.3.1 按形状分类

1.内包装

内包装是指直接接触内装物的包装。它的主要功能是固定内装物的位置,盛装或保护商品。按照内装物的需要,内包装可起到防水、防潮、遮光、保质、防变形等各种保护作用,如巧克力内层的铝箔纸包装,酒、饮料和化妆品的瓶、罐、盒、袋等容器包装。

2.个包装

个包装也称销售包装。在满足保护性、便利性等包装的基础功能之上,个包装以满足商品销售要求为主要目的,注重在销售环节吸引消费者注意,起到说明或宣传商品的作用,如由油纸、塑料、金属、玻璃、陶瓷、纤维织物、复合材料等制作的盒、罐、袋、听等。

3. 外包装

外包装也称大包装、运输包装，是以满足商品在装卸、储存保管和运输等流通过程中的安全和便利要求为主要目的的包装。外包装一般不承担促销的功能，为了便于流通过程的操作而在包装上标注出商品的品名、内容物、性质、数量、体积、放置方法和注意事项等信息内容，如由木材、纸、塑料、金属、陶瓷、纤维织物、复合材料等制作的箱、桶、罐、坛、袋、篓、筐等。

1.3.2 按包装形式和材料分类

1. 按包装形式分类

常见的旅游商品包装形式有包装纸、袋、盒、瓶、罐、管、听、筒等。

2. 按包装材料分类

不同材料的包装会形成不同的视觉风格，包装材料可分为纸质包装、塑料包装、金属包装、玻璃包装、陶瓷包装、布质包装、木质包装、编织包装等。

1.3.3 按商品性能分类

1. 销售包装

销售包装又称商业包装，可分为内销包装、外销包装、礼品包装、经济包装等。销售包装是直接面向消费者的，因此，在设计时要有一个准确的定位，符合商品的目标对象定位，力求简洁大方、方便实用，同时又能体现商品性。

2. 储运包装

储运包装是以利于商品的储存或运输为目的的包装。它主要在厂家与分销商、卖场之间流通，便于产品的搬运与计数。在当下电商物流的影响下，它逐渐变得重要。设计储运包装时除了要注明商品的数量、发货与到货日期、时间与地点等，还增强了保护和宣传功能。

1.3.4 按商品内容和使用方式分类

1. 按商品内容分类

按商品内容分类，旅游商品包装可分为日用品类、食品类、烟酒类、五金家电类、纺织类、儿童玩具类等。

2.按使用方式分类

按使用方式分类,旅游商品包装设计一般可分为易开启式包装、适量小包装、一次性包装、便捷式包装、可回收包装、服用包装等。

1.4　旅游商品包装设计的特点

旅游商品经常被当作一个地方旅游的符号,标志着在某个地方旅游结束后游客的后续体验,因此一个优秀的旅游商品的包装对于旅游体验度具有标志意义,它可以吸引更多的游客来当地旅游。对此,美国当代设计先驱德雷夫斯说过,要是产品阻滞了人的活动,设计便告失败;要是产品使人感到更安全、更舒适、更有效、更快乐,设计便成功了。美国设计家普罗斯也说过,人们总以为设计有三维——美学、技术和经济,然而更重要的是第四维——人性。这里说的"人性",即"人性化"。

旅游商品包装设计具有如下特点。

一是地域性。好的旅游商品包装设计可以最大限度地展示一个地方的旅游资源、文化特点。

二是兼顾性。好的旅游商品包装在注重实用性的基础上,还应兼备设计合理、美观安全的原则。即既有与文化、旅游、生活相关的应用性,也有一定的实用价值。

三是创新性。好的旅游商品包装具有一定的创新力,旅游商品可以在包装上力求有创意、有独特性,也可以在品种选择上做到与众不同,或者在作品工艺、材质上有所创新。那些时尚性强、容易被旅客接受的包装材质更容易受到旅游景点的喜爱,此外那些技术程度较高、拥有自主知识产权的产品包装也更容易受到旅客青睐。

四是示范性。好的旅游商品包装设计应注重传统与现代、文化与科技、地域性与实用性的结合,能够引导特色旅游商品的消费取向和流行趋势。

1.5　旅游商品包装的绿色生态设计

进入新时期以来,我国面临的生态环境压力不断加大,为此国家大力提倡和发展生态经济,以促进我国经济的可持续发展。在我国经济结构中,旅游行业占据了非常重要的比重,对于我国经济的发展起到很大的促进作用。虽然我国的旅游商品种类日渐丰富,但是很多旅游商品在包装过程中没有树立绿色生态的理念,导致旅游商品的包装设计不合理,不能有效地适应新时期的发展需求。因此,在新时期我们在进行旅游商品包装设计时,一定要在绿色生态的理念下进行,才能提升旅游商品包装的设计水准,引导旅游行业向着正确的生态方向发展。

(1)对旅游商品包装进行减量化设计。现阶段,人们的生活方式和生活理念发生了变化,简约轻便的生活方式受到了越来越多人的追捧,因此在对旅游商品包装进行设计的过程中,要遵循人们生活方式的特点,设计出简约的包装。旅游商品包装要突出简约和轻便的特点,实现减量化的设计,既可以有效地减小包装体积,方便人们的使用,也可以对旅游产品包装进行循环利用,提高资源的利用效率,落实好绿色生态的发展理念。旅游商品包装的减量化设计,不仅仅要减少旅游商品包装对于能源的消耗,还要回归到最初的目标,发挥好旅游产品包装的作用。

(2)对旅游商品包装实现生态化设计。在对旅游产品包装实现生态化设计之前,要对自然与人的关系进行充分的了解。自然与人是和谐相处以及共生的关系,而绿色生态的设计理念可以引导这种关系在旅游商品包装的设计生产中有效地落实下去。自然界给予了人们很多资源的馈赠,一些对自然影响比较小的资源我们要有效地利用起来,比如秸秆以及芦苇等,有助于落实绿色生态设计理念,还能够提升旅游产品的价值和形象。此外,现在很多的旅游地区都推出了食用型的包装,这是现阶段最生态化的包装设计,能够解决包装丢弃对环境造成影响的问题。

(3)旅游商品包装的本土化设计。在进行旅游商品包装设计的过程中,还要坚持包装的本土化设计,在设计上凸显区域特色文化和民俗风情,实现对区域的宣传和形象营造,增加对消费者的吸引力。旅游商品包装的本土化设计能够减少旅游景点的投放宣传成本,深化旅游产品的价值和影响力,促进旅游经济的发展。

 **课后练习**

一、判断题

1.旅游商品包装形式有包装纸、袋、盒、瓶、罐、管、听、筒等。   (   )
2.按商品内容分类,旅游商品包装可分为日用品类、食品类、烟酒类、五金家电类、纺织类、儿童玩具类等。   (   )

二、分析题

1.对某一旅游商品的包装结构进行分析,以PPT的形式呈现。
2.旅游商品包装设计具有哪些特点?

三、项目实践

1.五芳斋月饼礼盒包装设计。
2.杭州西溪湿地纪念品包装设计。

第2章

包装设计的历史及发展

2.1 包装设计的历史

与现代文明一样,现代包装适应着现代生活的需要。而在历史的漫长岁月里,包装则是随着人类文明的前进步伐而发展起来的。在包装发展的过程中,人们对包装的认识也在逐渐深化。就以包装物的含义而言,即有广义和狭义之分。广义的包装物,即人类用来盛放和包裹食品或用品的器物;而狭义的包装物,则单指商品市场所流行的销售包装——商品的包装,它不仅是某种看得见、摸得着的器物,更多地蕴含着保护商品品质、传达商品信息、促进商品销售的内在品性。对于这两种含义,在远古是不能进行明显区分的。只有随着商品交换的出现,商品经济的发展和市场竞争的加剧,商品的包装才逐渐为人们所认识。通观包装设计历史发展的全过程,可分为包装设计的萌芽时期、包装设计的成长时期和包装设计的发展时期。

2.1.1 萌芽时期

在原始社会的条件下,包装设计处于萌芽时期。当人类文明的曙光刚刚来临时,远古先民在长期的群居生活和辛勤劳作中,将大自然恩赐的竹、木等植物的茎叶,动物的皮、角等天然材料,如树叶、竹叶、荷叶、芭蕉叶、树皮、牛皮、羊皮、葫芦、鸵鸟蛋壳、海螺壳、竹筒、牛角、骨管等,用来作为容器。这些未做加工或仅做简单加工就被用来盛放和贮存生活必需品的自然物,就是原始形态的包装。在原始形态的包装中,用葫芦、竹筒或椰子壳等现成的自然物作为液体容器,可算是最方便的包装。用来包装固体物品的,如以竹、草等自然物作为材料编成的箩筐,起源也很久远。殷墟甲骨文中有不少表示容器的文字,其中"蒉"(音:kuì)就是用草或柳条编的筐。

发展到后来,人类支配自然的能力得到提高,创造出陶器,这能较好地满足包装的存储功能和运输功能。陶质容器的出现,是古代包装史上的巨大进步。它是最古老的人造包装容器。与直接利用竹、木等自然物作为材料的包装容器相比,它通过人的加工制作,已经改变了原料本来的属性,而获得许多新的特性,包括耐用性、防腐性、防虫性、造型性、可塑性等。因此,陶器被大量制作,并逐步改进和美化。早期的陶器,迄今在亚洲、非洲、欧洲、美洲都有所发现。而其中最早的首推我国广西柳州大龙潭鲤鱼嘴遗址出土的绳纹陶,距今有 12000 余年的历史。据考古证明,西方陶器起源于东地中海周围地区,包括中近东各国、爱琴海地区和非洲古埃及。然后,从那里传到意大利及欧洲其他国家。土耳其出土的新石器时代粗陶表明,陶器在这个地区大约有 9000 年的历史。

陶器有着各种各样的形制,如瓶、壶、盆、钵、罐等,其中一种比较特别的是双耳小口尖底瓶,它是新石器时代的陶器精品。它的主要用途是盛水,造型尖底利于下沉,口小水不容易溢出,双耳便于背负、移动。陶器外壁采用黑彩绘平行弦纹、漩涡纹和圆点纹。这种陶器的设计充分体现了包装的功能性与艺术性。

2.1.2　成长时期

随着时代的发展,手工加工工艺得到了极大的发展,出现了漆器、纺织品、瓷器等工艺性更高的人造包装。其中漆器与瓷器的艺术性极高,是中国手工艺品的代表,也成为极具中华民族文化特色的包装手段之一。当人类社会出现商品交换以后,面向商品流通的包装就产生了。最早有记载的商品包装是在战国时期,《韩非子·外储说左上》记载了一则"买椟还珠"的故事:一个郑国人从楚国商人那里买到用外表装饰华丽的木盒盛放的珠宝,竟然将盒子留下,而将珠宝还给了楚国商人,如图 2-1 所示。从某种意义上来讲,正是"精椟配美珠"神奇的包装效果,招徕顾客,成功地引起消费者关注,并使之有了购买的冲动,假如这个珍珠被放在一个破纸包中,珍珠再珍贵,相信也不会有人问津。

图 2-1　买椟还珠

到了汉代,造纸术的广泛应用也带来了政治、经济、文化的大力发展,商品包装也开始普遍使用纸质材料,逐渐取代了以往成本高昂的绢、锦等材料,这才出现严格意义上的商业包装。造纸术和印刷术的发明,是中华民族对世界文明作出的重大贡献,也是古代包装史上的两个巨大进步。东汉时蔡伦于公元 105 年发明造纸术,以树皮、麻头、破布、旧渔网为原料造纸,质优价廉,制法简便,世称"蔡侯纸",是当时商品包装的首选用纸。公元200年左右,东汉左伯把造纸工艺提高到新的水平,所造的纸称为"左伯纸"。他用黄檗(音:bò)水浸纸,制成的纸呈黄色,可以防虫。这种加工法称为"潢",汉末刘熙又把"潢"解释为"染纸"。至唐代,包装纸的应用又有新的发展。据《新唐书》载,唐代已开始用厚纸板制作纸杯、纸器,并用纸包装柑橘从四川运到唐都长安。唐代陆羽的《茶经》中也有以纸囊包装茶叶的记载。在新疆唐墓中出土的文物中,有药丸一枚,外包白麻纸一层,写有"葳蕤(音:ruí)丸"字样。宋代有"卖五色法豆,使五色纸袋儿盛之"的记载,说明当时已能生产各种颜色的包装纸。印刷术的发明和进步,大大地拓展了包装的销售功能。早在隋文帝开皇十三年(593年)前后,就出现了世界上最早的雕版印刷物佛经和佛像。北宋庆历年间(1041—1048年),毕昇发明了活字印刷术。后人又把毕昇的胶泥活字改进为木刻活字和金属活字。印刷术很早就应用于包装。

到了北宋时期,造纸术与印刷术深度结合,带动了商品包装的更大发展。宋代《清明上河图》中反映了开封城内的商业繁华景象,画中可以看到各式各样的包装,如图 2-2 所示。

图 2-2　清明上河图(局部)

在中国国家博物馆里保存着一块我国宋代的广告印刷铜版,上面刻有"济南刘家功夫针铺"的字样,被业内一致认为是我国最早的商标,如图 2-3 所示。这是一个可以作为广告招贴的包装形式,大小约为 10 厘米,中间是白兔抱铁捣药的图案,上方写着"济南刘家功夫针铺"的字样,左右两侧注明"认门前白,兔儿为记",下方是广告文字"收买上等钢条,造功夫细针,不误宅院使用,客转兴贩,别有加饶,请记白"。整个包装图文并茂,白兔捣药相当于店铺的标志,文字宣传突出了产品的质量和售卖方法。这个包装用今天的眼光去审视,也达到了包装的基本商业目的。

图 2-3 "济南刘家功夫针铺"印

　　纸作为传统包装材料,发展到现在已经成为包装的重要材料之一。现代纸包装区别于早期纸包装,主要体现在新型纸板的诞生。古代的纸属于软性薄片材料,无法形成固定形状的容器与结构,大部分只能用于包裹产品。而现代的新型纸板属于刚性材料,能够形成固定形状,可以制作成各种形状的纸盒。对于纸和纸板尚没有严格的区分界限,一般是以纸张的厚薄和重量来划分,大致以每平方米重 200 克以下或者厚度在 0.1 毫米以下的称为纸,以上的称为纸板。在英国,大规模的纸盒生产在 19 世纪 50 年代已经出现。与此同时,随着彩色印刷的推广,促进了包装的大力发展,形形色色的包装如雨后春笋般出现。

　　中国古代的造纸技术与印刷术曾在世界各地广泛传播,并为商品包装的发展提供了十分有利的条件。造纸术于 8 世纪传入阿拉伯国家,10 世纪传入埃及,12 世纪传入欧洲。活字印刷术于 13 世纪传入朝鲜,14 世纪朝鲜采用金属活字;15 世纪时欧洲也采用了金属活字印刷。1440 年德国人谷腾堡创造了铅合金的活字印刷技术,被视为现代印刷技术的开拓者。

2.1.3　发展时期

　　工业革命使资本主义从早期的作坊、小工场手工业阶段过渡到近代机器大工业发展阶段,从而丰富了商品的多样性。由于生产方式实现了质的飞跃,多样化的商品被大量产出,市场交易得到迅速拓展,包装毫无疑问地成为商品流通环节中非常重要的一环。各种材料在包装上的运用也开始越来越多,玻璃、金属也逐渐得到广泛应用。在欧洲,人们对于包装的认识也逐渐从存储、运输等单纯基本功能上升到包装物品功能与审美功能并存的层面上。在这一时期,大多数商品包装是豪华瑰丽、色彩斑斓和工艺复杂的,特别是包装中版面边缘的装饰,大量出现烦琐图案。设计极具装饰性和视觉冲击力,能强烈刺激购物欲,这是维多利亚时期典型风格的延续,与巴洛克艺术风格紧密联系,都集中表现了为上层贵族服务的宗旨,也为日后包装视觉设计的发展提供了借鉴。

19世纪末到20世纪前半叶,英国出现了商标法来保障商品的可信性。最早是立顿茶饮的包装设计,厂家把茶分成一个个独立的小袋包装,在包装上突显立顿品牌名称。该设计最大的优点就是突出该产品的品牌,强化消费者对品牌的记忆。从此,各个厂家的品牌意识开始增强,包装贴上专属商标,附上了质量保证和产品说明,用包装来说服消费者,吸引消费者购买,在消费者的脑海中建立起每一种商品的深刻印象,确立商标的存在感和印象感显得尤为重要。品牌意识的初步出现及技术领域的不断突破,对包装设计风格的要求又有了改变,包装需要一个令人兴奋、记忆深刻、鲜艳夺目的形象,要给消费者一种整洁、亲切和新鲜的感受。这个时期的设计逐渐抛弃了繁杂琐碎装饰的维多利亚时代的风格,设计上推崇自然主义,运用了大量的花卉纹样、卷草纹样和动物纹样等。这一时期的包装设计较少采用直线,而是以弹性曲线为主,色彩鲜艳明快。这种设计风格也和当时欧洲的形式主义运动——"工艺美术"与"新美术"运动有着很大关系。

到了20世纪20年代以后,清晰、简洁的艺术设计风格开始出现,各种色彩鲜明的几何图形穿插使用,大大改进了早期包装设计过于讲究、过分装饰的风格。这一阶段,早期的包装开始过时,许多商家对包装进行了细微的调整,既跟随时代的变化,又保存了原有的品牌属性。这样的设计渐变照顾到了文化与商业两个方面。

20世纪20—30年代,我国本土民族资本的兴起,使民族工商企业家加强了西方经营管理的理念,并在西方资本和商业活动的催化下,开始与西方企业进行激烈的商业竞争和交融。为了促销商品,他们重视商品包装,在当时那个传统观念还处于主流地位的年代,这种传统与西式文化的互相结合,为那个时代创造了无数精美的包装艺术。

一方面,包装设计理念和技术是从西方引进的,所以很多产品的包装设计自然会带有西方色彩;另一方面,在当时的上海、广州等地生活着很多外国人,他们是一些商品的主要购买者,需要通过包装了解商品。基于上述两个原因,民国时期的包装设计表现出了鲜明的西方风格。比如在文字方面。梅林食品公司推出的"金盾牌"罐头,先后使用了罗马文"Maling"和英文"The Best Quality"两种表示方式,既表明了产品的名称,也表现出了产品质量可靠的品质。而在1934年美国芝加哥世博会获得大奖的"双猴牌硼酸浴皂",则分别使用了罗马体等字体,并以阴影、斜体、重叠的方式,对产品的名称和特点进行说明,获得了艺术性和实用性的统一。又比如在材质方面,各种纸张一直都是民国之前各类商品包装最常用的材质,虽然成本较低、使用便捷,但是质地很软,容易变形和潮湿。对此一些厂家也对西方包装设计中的材质进行了学习和借鉴。如广州的南国牌香烟,每盒烟都配有一个铁质卡片,一方面是为了让其起到支撑和防潮作用;另一方面则利用卡片对产品进行详细介绍,很多消费者还喜欢将其作为书签,实现了宣传效果和实用效果的有机统一。而在面包包装上,针对大量外国人的购买需求,一些厂家一改以往容易浸出油渍的纸质包装,如"莎莉文糖果公司",就从美国购买了整条流水线设备,专门生产油蜡纸作为包装材料,从根本上解决了之前浸出油渍的难题,为产品赢得了良好的口碑。可以看出,民国时期的包装设计理念既是开放的,也是务实的,对后来的包装设计发展产生了深远的影响。

　　民国时期,当包装设计以一种外来文化的身份进入中国后,有人主张坚决抵制,有人主张全盘西化,后来的结果表明,这两种极端的认识和行为都是不可取的。正确的做法应该是土洋并存,融合发展。所以,当时的包装设计中,除了西化风格和民族风格外,还有将中西两种文化巧妙融为一体的风格。如上海著名的婚庆公司"喜临门",其 logo (商标)设计就融合了中西两种文化元素,标志的画面主体是一个太极图。太极在我国传统文化中有着重要的影响,蕴含着阴阳轮转、相辅相成的哲理,结合婚庆来看,则是为了突出两者的合二为一。以此为基础,设计者又在太极图的两个部分中加入了两个丘比特的图案。在西方文化中,丘比特是爱神,并有着吉祥美好的寓意,中西两种图案相并列,丝毫没有违和感,获得了当时中西消费者的双重认可。又比如,多次在世界博览会上获奖的"佛手牌"味精,其在包装设计上也是匠心独运的。瓶身主体是一只佛手,下面是用英文标识的厂家名称,背面是产品的 logo,是一个圆形方孔铜钱的造型,并刻有"品""味""善""和"四个汉字,以最简洁的方式说明了产品的特性。瓶身侧面是带有藤蔓和枝条的梅花图案,从纹样的形状来看,正是典型的洛可可风格。虽然设计元素众多,却丝毫不显杂乱。"明星牌"香粉,一方面采用了"Star"的英文标识,另一方面又对字母"S"进行了变形处理,使之成为瓶身茉莉花的枝条。茉莉花的香气沁人心脾,与香粉的产品属性是完全一致的,足见设计者构思之巧妙。可以看出,民国时期的包装设计,既对中西两种文化有着明确的认识,也可以在两者之间游刃有余,获得了中西合璧的良好效果。

　　20 世纪 30—40 年代,整个世界经历了第二次世界大战,由于战争的影响,产品无法进行过度包装,色彩单调,整个设计又回到了包装最根本的使用功能上。

　　第二次世界大战残酷地摧毁了人们长期以来创造的物质财富,战后严重的物资匮乏和消费群体的增大,以及迅速恢复起来的经济为现代设计的发展提供了客观条件。另外,军备竞争带来的科技发展成果应用于民用以及新材料的不断出现,为现代设计的发展提供了物质保证,现代设计已成为满足人们生活需求的手段。在亚洲、北欧以及英国、美国等地区和国家,现代设计逐步与当地的社会、经济、文化生活融为一体,成为各国经济腾飞的法宝,并结合各自国家的国情形成了不同的设计风格与个性。

　　在美国,设计的商业化气息非常浓,设计被看成是赚钱的一种手段。现代包装的促销功能被发挥得淋漓尽致,包装设计受商业性设计的影响,不断变化式样,以流行的时尚来博得消费者的青睐。在北欧,斯堪的纳维亚半岛上的人们一直在为塑造各自的美丽家园而努力,设计成为改善他们生活的重要手段,现代包装设计成为生活中的一部分,因而包装的生态观最早在那里体现。在西欧,德国和意大利时刻领导着设计的潮流。在意大利,设计被看成是文化的再现,包装设计成为文化设计的一种形式。在德国,在设计教育上又有新成就,继包豪斯教育的影响后,乌尔姆造型学院的办学理念及设计科学的创立为现代设计又增添了新的里程碑。同时,德国人还以其严谨而又有个性的设计风格为世人所称道,在包装设计中强调技术与分析,正是这种观念的体现。在亚洲,以日本为代表,现代设计也得以迅速发展。日本创造了现代设计发展的新模式,设计上实行"双轨制",走现代与传统相结合、协调的道路。体现在包装设计上的具体做法是:对于出口产品的包装设计,采用国际上认可的设计原则,并融入精、巧、灵、小等设计特点;而对于国内消费的包装设计,充分体现日本传统文化中对纵横条与简单几何图形的喜爱,使其作品具有宁静、干净、简朴等特征。

进入 20 世纪 50 年代,商品经济又回到快速发展的阶段上。新包装材料例如塑料、不干胶、易拉罐等被大量使用。大工业生产下带来的丰富物质使得新的消费社会形成,再次使包装设计回到了人们的日常生活中。零售业在这个时候发生了根本性的变革,出现了一种新的购物模式——超级市场。这种自助式购物模式的产生是因为参加工作的人逐渐变多,很多女性也加入了这个行列,这导致了购物时间变少,加上冰箱与冰柜的广泛使用,人们可以每周购物一次,而不是每天都去。在超级市场中,商品包装经常成为购物者与产品之间唯一的交流工具。加上商业广告通过报纸、电台、电视等不同媒体介绍包装好的产品,包装常常被用以强调产品的卖点。

这个时候,国际主义设计成为欧美的主要设计风格。这种设计具有形式简单,反装饰性,重功能性、系统性和理性化等特点。由于是消费者自己识别商品,所以包装设计的重点转变成需要在同类商品中被快速识别。货架上的竞争要求设计必须强调品牌的主题、色彩和中心文字,必须使商品高度识别化、脱颖而出,产生记忆,形成消费。国际主义设计要求以简单明快的排版和无饰线体字体为中心形成高度功能化、非人性化、理性化的平面设计方式,这恰好符合当时包装简洁、醒目的要求。

包装设计对经济和社会发展做出的贡献,日益受到社会的重视。20 世纪 50 年代,即已成立了欧洲包装联盟,20 世纪 60 年代先后产生了亚洲包装联盟、北美包装联盟和世界包装组织。这些世界性的包装组织,对各个国家及地区包装事业的发展起到了积极的促进作用。欧美及日本等许多先进工业国家纷纷建立各种包装设计与研究机构。许多高等设计院校把包装设计教育列为一门专门科目,不少大、中企业都注意到本系统包装设计研究方面的投资。出刊物、办展览、搞评比等,都有力地推动了现代包装设计的发展。特别是日本包装设计的崛起为日本的经济振兴发挥了有效的作用,从而引起了世界包装界的瞩目。

20 世纪 80—90 年代,物质文化空前丰富,各种新型材料与技术日新月异的发展应用使产品更加普及和廉价,各式各样的消费品促使人们更加重视商品的促销,系列化产品包装成为包装设计的主流行为。1980 年,世界经济增长陷入低迷,日本也经历了严重的能源危机。当时的消费者不仅要求商品有好的品质,也希望价格从优。在这种情况下,"无品牌"概念在日本诞生了。当年,木内正夫创办了"无印良品"公司,向市场推出了第一批无品牌产品。这些产品包装简洁,降低了成本,所使用的口号是"物有所值"。在商品开发中,无印良品对设计、原材料、价格都制定了严格的规定。例如服装类要严格遵守无花纹、格纹、条纹等设计原则,颜色上只使用黑白相间、褐色、蓝色等,无论当年的流行色多么受欢迎,也绝不超出设计原则去开发商品。为了环保和消费者健康,无印良品规定许多材料不得使用,如 PVC(聚氯乙烯)、特氟龙、甜菊、山梨酸等。在包装上,其样式也多采用透明和半透明,尽量从简。由于对环保再生材料的重视和将包装简化到最基本状态,无印良品也赢得了环境保护主义者的拥护。此外,无印良品从不进行商业广告宣传,就如木内正夫所说:"我们在产品设计上吸取了顶尖设计师的想法以及前卫的概念,这就起到了优秀广告的作用。我们生产的产品被不同消费群体所接受,这也为我们起到了宣传作用。"

到了 20 世纪末 21 世纪初,在环保大潮的推动下出现了各种绿色设计的国际设计思潮,包装领域也衍生出绿色包装的设计概念。绿色包装也可以称为无公害包装或环境之友包装,指对生态环境和人类健康无害、能再生和重复使用、符合可持续发展的包装。包装设计在这一理念的支配下,向轻量化、小体积的方向发展,其功能不仅局限于容纳、保护、销售等,而且开始倡导环保这一消费市场的新观念。

2.1.4　中国包装设计事业的发展

1949 年中华人民共和国的成立,为我国包装设计事业的发展开辟了广阔的前景。1956 年,我国成立了第一所专门培养工艺美术人才的高等学府——中央工艺美术学院(今清华大学美术学院),学院中设有包装装潢设计专业,几十年来培养了大批包装设计人才。由于国内经济建设、文化建设的开展和人民生活质量的逐步提高,特别是改革开放后,市场经济得到健康、有序的发展,我国包装事业在设计、生产、科研和人才培养方面都有了较快的发展和进步。1980 年和 1981 年先后成立了中国包装技术协会和中国包装总公司,1981 年 3 月,中国包装技术协会所属的设计委员会在北京成立。1982 年 9 月在北京由中国包装技术协会和中国包装总公司联合举办了首届全国包装展览会,展出的36000 件展品,比较集中地反映了我国包装工业的发展水平和技术水平。此后,中国包装技术协会下属的设计委员会又在各地区建立了领导小组,开展多种形式的交流活动,定期举办各地区的包装设计展览,设立了"华东大奖""中南星奖""西南星奖""华北大奖"等,以此来奖励优秀的设计作品,推动全国各地包装设计事业的发展。20 世纪 80年代以来,随着我国社会主义市场经济的前进步伐不断加快,包装工业迅速发展,包装产品种类大幅度增长,一些主要的包装制品如塑料编织袋、纸箱、软复合包装、金属桶、纸复合罐等,产量已在世界上名列前茅,承担着数万亿元国内商品和上千亿美元出口商品的包装任务。

从 20 世纪 80 年代初到 90 年代初,我国包装工业产值的年增长率,平均达到 15% 以上。1980 年,我国包装工业的产值为 72 亿元,1995 年已增至 1145 亿元,比 1990 年增长152.1%,5 年间平均每年递增 20.3%。1996 年,年产值达 1260 亿元,又比 1995 年增长10% 以上。在包装材料、包装容器和包装器材的生产方面,从主要生产一些简单产品的水平,发展成包括纸制品、玻璃制品、金属制品、包装印刷、包装材料、包装机械等门类比较齐全的产业,具备了生产国内和国际流行产品的技术能力。包装工业的迅速发展,为我国包装设计事业的加速发展开拓了一个美好的前景。

现在,我国已经成为世界贸易组织的正式成员,机遇与挑战并存,世界经济一体化趋势日益突显,任何国家或地区都不可能孤立于世界经济之外。当前国际、国内市场变化日新月异,产品不断更新,消费者的实用需求与精神需求不断提高,销售领域的竞争日趋激烈,商品流通的范围日益扩大,新材料、新工艺不断开发,这些因素既对包装设计提出了许多新的要求,也为包装设计提供了许多有利条件。在这种形势下,我国的包装设计事业正在蓬勃地向前发展着。中国是世界第二包装大国,我国的包装工业作为服务型制造业,是国民经济与社会发展的重要支撑。随着中国制造业规模的不断扩大和创新体系的日益完善,包装工业在服务国家战略、适应民生需求、建设制造强国、推进经济发展等方面,将发挥越来越重要的作用和影响。据统计,2019 年全国纸包装行业规模以上企业 2452 家,全国箱纸板完成产量达 1301.56 万吨。世界包装组织秘书长威廉姆·弗拉姆谈道:"未来的包装将由于其积极的贡献越来越得到人们的认同,因此,也会更快捷地得到政府政策和工业战略的支持,它也将作为改善人类生存条件的一个有益的因素,而在全球受到普遍的赞扬。"

2.2　我国旅游商品包装设计的发展现状及发展方向

　　旅游行业是近些年来我国逐渐兴起的一个经济增长点,在旅游经济的不断催生下,我国很多旅游景区的收入也在快速上涨,旅游行业迎来了高速发展的时期,同时旅游产品也迎来了发展的机遇。但是现阶段我国很多旅游景区产品包装的设计非常落后,这些旅游景区过分夸大了自身的价值,而忽略了包装设计的作用,造成旅游产品的包装文不对题,不能让消费者产生购买欲望,还有一些旅游景区的产品包装设计形式十分落后,还在采取传统的设计理念对产品包装进行设计,无法有效地吸引消费者的目光。旅游产品包装不能为了设计而设计,而是应该为了发掘内在的文化价值进行设计,凸显产品包装的人文价值和意义,只有从这个角度上对旅游产品包装进行设计,才能吸引消费者的目光。旅游产品的包装是对外宣传的重要载体,也是旅游景区文化和风景的有效宣传渠道,对旅游产品包装进行合理的设计是景区发展的需求。在进行旅游产品包装设计的过程中,不仅仅要体现出景区的人文和历史价值,还要遵循绿色生态的设计理念,这样才能够有效落实我国的可持续发展战略,做到与时俱进,提升旅游产品包装设计的水平。

2.2.1　包装设计的现状及存在的问题

　　现今社会,生活形态和消费形态都发生了很大的变化,包装设计已经进入了全新的时代。现代包装在满足基本功能的要求之外,更强调艺术性的视觉外观和独具个性的品牌形象。

　　现在及未来的商品竞争越发激烈,同质化的产品不断增多,消费者为寻找独立个性的生活方式及状态也对包装设计提出了更高的要求。现在的消费群体被细分成不同的类别,这些被细分的人群极具个性色彩和消费需求。

1.储运功能不恰当

包装的储运功能不恰当的主要表现包括：包装体积过大、空隙率过高、内部衬垫物过多等。外包装的体积和内部的空隙率直接影响商品的尺寸，过大的体积和空隙率将导致商品在储存和运输时消耗更多的空间、物力和成本，同时给分拣、装卸、堆码等过程带来诸多不便，这不符合包装应方便运输的要求。过度包装的结构设计往往复杂而不巧妙，真正的产品体积往往只占包装的很小一部分。

2.设计风格相互模仿

无论在超市还是在商场，展示在我们面前的包装有一些存在明显的模仿和抄袭的现象。电脑、数码相机和扫描仪等现代化设计工具的出现和普及，大大提高了包装设计的质量和效率，为包装设计师完成精彩的创作提供了有力的保障，然而部分投机取巧的设计人员把它当成模仿的工具，造成大量包装设计类似的现象。

3.过度包装

一件良好的包装，从生产厂家到消费者手中的整个使用过程都应该给人带来便利。近年来，在经济生活中出现了一种愈演愈烈的商品过度包装现象，不少商品的包装都是里三层外三层。例如，月饼、饼干、糖果、茶叶等的包装盒越来越豪华、高档、精致，甚至出现了包装盒比商品本身更值钱的现象。这种商品过度包装的现象，无疑加重了消费者的负担，同时也浪费了宝贵的资源。

4.促销功能不恰当

包装的促销功能不恰当的主要表现包括：包装外形设计和图文装饰采用过于复杂或高档的工艺，造成的视觉冲击力与包装本身属性不符。有些商家为了吸引消费者，实现促销的目的，往往将包装设计得过于夸张和奢华，导致包装整体观感和产品实际内容严重不符，不能如实传达商品的真实信息。

2.2.2　旅游商品包装设计的发展方向

1.情感共鸣

在未来的旅游商品包装设计中，对消费者的心理研究与分析将占据愈来愈重要的地位。未来旅游商品包装设计的创意更多关注消费者的情感因素，以寻求最佳的引发消费者共鸣的触发点；还要能够传达出设计者在情感上给予消费者的某种暗示，用情感来激发消费者的购买欲望，把产品宣传与消费者的情境感受紧密、巧妙地结合起来，将消费者的情感融会于未来的包装设计中。

2.个性化

随着消费者价值观念、审美观念日益多样化,生活结构和消费水平日趋多元化,成熟型消费社会将逐渐形成。消费者除了关注商品的特性之外,还会对商品包装的文化品位、审美追求有着强烈的渴望。这就对未来的包装设计师提出了新的挑战。在未来的设计中,设计师必须以饱满的热情、高超的技艺来适应消费者个性化的视觉愉悦和心理愉悦需求,要具有良好的预测心理和移情能力,关注不同消费群体的个性化需求,预先为消费者构想出某种商品的审美特点和消费理由。这种新形式和新风格所具有的独特创意不仅要表达出商品的实用性,同时还要表达出商品的强烈视觉表象。在这种视觉表象的深刻感染下,消费者自然会对商品产生兴趣。

3.绿色环保

绿色设计与绿色设计思想是 21 世纪设计的主题。绿色设计需求给设计师们提出了一个严肃的课题。它强调保护自然、生态,充分利用资源,以人为本,与环境为善。绿色设计倡导者及支持者们相信,贯彻绿色设计理念的旅游商品包装设计能在传达产品信息外,展示良好的企业形象。同时,设计师要站在消费者的立场上考虑问题,赋予包装强烈的视觉冲击力和心理效应。未来的包装设计必须是以追求绿色环保为主题的环保包装设计,这种设计将人与自然和谐发展、安全和健康融为一体,关注人类的生存和发展。这样消费者会自然地加入对环境的保护中,旅游商品包装的环保意义才能真正体现出来。

4.文化特色

我们所称的"设计"实际上就是人类所创造文化的一部分。不同的地域、民族孕育了不同的文化,不同的文化又包含了各具特色的设计。在未来的商品市场中,竞争会更加激烈,商品种类会更加细分化,消费者的整体审美水平也将随着社会文明的进步不断提高。消费者在社会中自我价值的实现、塑造自我的要求会在实际生活的消费行为中表现得更加强烈。因此,这必然要求未来的包装设计师能够充分利用不同的地域文化特色,通过设计赋予商品更高的社会价值,实现消费者自我塑造的心理体验。

5.电商物流

在当今绿色环保理念不断普及的同时电商平台迅速发展,新兴的电商模式正在改变着零售业的格局,导致旅游商品包装功能的重心发生明显偏移,主要表现在回归到保护功能和体验上来。这给了旅游商品包装的绿色设计和内涵式设计新的契机。绿色环保和电子商务将成为未来商品包装业的主背景。在此背景下,包装设计如何将"保护商品、绿色环保、消费者体验和成本效率"有机组合,是包装业界及设计教育界迫切需要思考和解决的问题。

2.3　旅游商品包装中地域文化的体现

党的十八大报告明确指出,提升我国经济软实力是保证我国整体经济结构稳定性的重要途径之一。同时,在对经济软实力进行提升的时候,应该注意始终秉持着提升人民生活水平的原则,因此,提升我国整体经济软实力也被视为建设小康社会的重要任务。旅游文化与我国其他的文化产业有着非常密切的关系,通常情况下,旅游商品的设计主要是根据当地的文化特色而展开的。对于旅游商品而言,其首要任务就是对当地的文化特色进行挖掘,如何应用巧妙的创意将当地文化在旅游产品当中体现出来成为商品是否受欢迎的关键因素之一。

2.3.1　强调旅游商品的地域特色

旅游商品与普通商品不同,旅游商品与旅游商品之间也存在差异,这是由旅游商品的形象、性能、用途、销售对象等因素所决定的。旅游商品售卖时,设计师要做的是凸显不同品牌的个性特点,这也就是我们所说的地域特色。具有浓郁地域特色,注重本土化、民族化的旅游商品包装设计往往更吸引旅游者的眼球,受到瞩目、青睐,体现出明显的竞争优势。旅游商品作为旅游体验过程的一种延续载体,应该集地域性、民族性、文化性与纪念性于一身,成为唯此处独有的地域标签。因而,浓郁的地域特色,是旅游商品包装设计的灵魂。旅游商品的地域性体现,其包装设计是最直观的。包装设计的地域特色文化的反映主要可以从包装造型、包装材料、包装结构、包装图形设计、包装色彩等方面着手。当然必须首先搞好创意设计,充分利用当地丰富的自然资源和人文资源,根据当地的风土人情、历史传说、文化底蕴、风景名胜、传统产品,设计出风格独具,具有鲜明民族风格和浓厚地方特色的包装。以杭州西湖为例,2007 年,杭州市西湖风景名胜区被评为"国家AAAAA 级旅游景区"。2011 年 6 月 24 日,"杭州西湖文化景观"正式列入《世界遗产名录》。西湖有 100 多处公园景点,有"西湖十景""新西湖十景""三评西湖十景"之说,有 60多处国家、省、市级重点文物保护单位和 20 多座博物馆,有断桥、雷峰塔、钱王祠、净慈寺、苏小小墓等景点。由于旅游景点具有不可移动性,所以旅游景点所衍生出的产品通常也只是在景点当地进行销售,这就要充分体现出当地景观以及文化的特色,也只有这样才能够做到有效吸引消费者。

2.3.2　强调旅游城市的文化特色

对于旅游城市而言,城市文化通常会体现在两个方面,即城市的历史文化以及城市的景观文化。在一些时候,这两种文化形式又是相互融合的。对于游客来说,旅游城市之所以吸引人,与城市自身的文化触角更加丰富有直接关系。

例如,"遇见·南迦巴瓦"是一款来自西藏的有机茶,汲取了喜马拉雅腹地精华,保证了茶叶的优良品质。如图 2-4 所示,蓝色的包装外盒上印刻有南迦巴瓦峰的风貌场景,呈现出云雾缭绕、如火般燃烧的形象,加之拼接而成的完整画面,使得包装多了几分壮丽气息。

图 2-4 "遇见·南迦巴瓦"有机茶包装设计

当前杭州正在积极整合生态文化资源,打造文化旅游强市,走文化创意特色之路,大力发展生态文化旅游产业。如图 2-5 所示,这款"朕的醉爱"龙井茶包装贴合了茶叶本身色翠、形美的特点进行设计,"龙井绿"与"儒家蓝"的色调选择,体现了产品香醇新鲜的特质,同时保留了儒家一贯的大气、风度。封面图形以多线条的形式排列,营造了像水又像山的意境美,搭配西湖美景中的"三潭印月",三者相互映衬实现了包装的差异化。礼盒侧面的印章形式,灵感来源于乾隆喜好盖章的习惯,呈现为玉玺常用的篆书字体,表达了"朕的醉爱"的含义。

图 2-5 "朕的醉爱"龙井茶包装设计

2.3.3　强调旅游城市的民族文化

　　地域文化是民族文化的重要组成部分,也是人类艺术发展的基础。旅游商品包装作为地方文化传播与推广的重要媒介,对旅游商品文化价值与附加值的提升具有重要影响。加强旅游商品包装设计的地域性,将地域文化特色合理、巧妙地融入其中,是弘扬与传承民族文化的需要,也是提升旅游商品差异化市场竞争力的需要。从地域文化的形式入手,深入挖掘地域文化的深层内涵,将其转化、应用于包装造型、文字、图形、配色等设计实践中,有利于实现文化与艺术的有机融合。与此同时,也符合消费者的心理诉求,吻合消费者对地域的认同与归属感,有利于触动消费者的购买欲望。

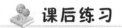 课后练习

一、判断题

　　1.现保存于中国国家博物馆的"济南刘家功夫针铺"印,说明在唐代通过铜版印刷便可得到相应的商业包装。　　　　　　　　　　　　　　　　　　　　(　　)

　　2.旅游商品本身便是一种独特的产品类型,它被打上了旅游地特有的烙印,往往和该地的地名和环境联系在一起。　　　　　　　　　　　　　　　　　　(　　)

二、分析题

　　1.传统包装和现代包装有什么不同?

　　2.文创产品包装有哪些特点?

三、项目实践

　　1.找出生活中各种快消品的包装特色。

　　2.试将传统纹样融入旅游商品包装中,并以效果图的形式呈现。

第 3 章

旅游商品包装中地域文化的转译形式

"转译"是指在媒介语的作用下，从一种语言被转化为另一种语言的特殊翻译行为，其内涵已远远超越语言学的范畴，被广泛运用到建筑设计、景观设计、平面设计等多个学科领域。而地域文化的转译其实是指在解读完地域文化信息的基础上，搭建起旅游商品包装设计语言与地域文化信息之间的桥梁。借助科学的设计原理与方法，将地域文化信息准确地转化为可被识别的设计符号与设计语言，应用于旅游商品的包装上，其中的关键问题便是地域文化信息的提取、简化、转化以及呈现。有些地域文化信息（诸如方言和环境等）容易提炼并转化为有形的视觉符号，然而有些文化信息（诸如历史、文学以及人文精神等）自身抽象且难以描绘，这就需要设计师通过可感知的、间接的视觉符号语言来引导人们的心理感受。在旅游商品的包装设计中，地域文化的转译不是机械地挪用与复制，而是从主观角度，以客观事物为基础，进行关联性设计。这种地域文化转译的可能性具体表现在以下几个方面：文字、图形、色彩、版面构成设计等，它们是地域文化具有"标志性"的视觉符号。

3.1 文 字

文字是交流思想、传递信息并能表达某一主题的符号，它承载着人类的历史与文化。旅游商品包装设计中的文字可以传达出有关商品的信息。人们通过文字，了解商品的产地、性能、使用方法和使用日期等信息，从而达到人与商品直接的沟通。在进行旅游商品包装设计时，通常能够遇到的文字有商品名称、容量容积、成分说明、注意事项、生产日期、厂家、产地等。文字在旅游商品包装设计中主要有两种功能：首先，传达出商品的信息；其次，文字作为设计元素，通过字体的选用、排列组合和表现手法、字体大小、形态的正斜等，按照视觉流程、阅读习惯给人以韵律感、节奏性，从而达到特殊的视觉效果。

3.1.1　旅游商品包装上的文字分类

1.基础文字

基础文字包括包装牌号、品名和出产企业名称,一般安排在包装的主要展示面上。其中,生产企业名称也可以编排在侧面或背面。品牌名的字体一般有规范化的设计编排模式,品牌名则可以进行装饰变化。如图 3-1 所示,这款酥饼类食品的产品名灵感来源于"粗茶淡饭",企业希望通过一口酥饼、一碗茶让消费者感受到生活的宁静与美好,进而建立起消费者与品牌间的情感连接。在商标设计上,采取了双重的视觉效果,简单的圆形包围着"酥"字,言简意赅地表明了产品属性,搭配完整的品牌名进一步提高辨识度。选择飘逸感较强的笔触表达字体,打造一种随和、清新的感觉。"酥"字还将笔画换成了粉色心形图案,丰富视觉画面的同时给消费者一种甜到"酥"的感觉。礼盒分为红、蓝两款主色调包装,图形化的"酥"字占据了右侧大部分版面,柔软的笔触与裸粉色调形成品牌的视觉符号;左侧则是满版的产品卖点,排版重点突出"酥服"等俏皮文案,进一步强化品牌调性,以直戳消费者痛点的文字表达激发其购买欲。

图 3-1　"酥茶淡范"

2.资料文字

资料文字主要用于说明产品成分、容量、型号、规格等。编排部位多在包装的侧面、背面或正面,设计时一般采用印刷字体。

3.说明文字

说明文字主要是用于说明产品用途、用法、保养、注意事项等,内容简明扼要,多采用印刷体,通常情况下不编排在包装的正面。

4.广告文字

广告文字是指宣传内容物特点的推销性文字,应做到诚实、简洁、生动,切勿啰唆,其编排部位不固定。

在具体的操作过程中,对文字设计与排列有以下几点建议。

(1)字体要规范、准确、醒目,易辨认,有主次之分。

(2)设计作品上的字体一般以2~3种为宜,可有大小、粗细的变化,但不宜变化太多,避免出现混乱的效果。

(3)商标品牌名称的文字设计是包装文字设计中的重要环节,设计时要根据商品内容与属性,要求反映商品的特点、性质,并具备良好的识别性和审美功能。

(4)文字内容要简明、真实、生动、易读、易记,具备良好的识别性、可读性。在文字表述时应进行调整、改进,使之既能被大众接受,又不失艺术风格,要针对不同的商品内容进行有效的选择。

(5)文字的编排应与包装的整体设计风格相协调。

(6)字距、行距安排得当,字体要有变化,字体颜色要有区别,以免造成阅读混乱。

(7)印刷体的字形清晰易辨,在包装上的应用更为普通。运用在包装上的汉字印刷体主要有宋体、黑体、隶书和楷书等,不同的印刷体具有不同的风格,可以表现不同的商品特性,文字设计是设计师基本设计功力的体现。每种字体都有各自的特点,如隶书的华丽高雅、楷书的朴实大方、行书的流畅奔放、宋体的雍容华贵、黑体的粗犷厚重等。

3.1.2　包装设计中的装饰性文字

装饰性文字是指通过艺术处理手法把包装版式设计中除内容性以外的主体文字(包括商品品名和作为图案的文字)转换成一种符号与图形,让其具备审美性与识别性的双重功能的文字。这种经过设计处理过的文字可增加商品的情感和个性,从而达到商品包装个性化、吸引消费者购买的目的。

1.装饰性文字字体的选择

(1)根据消费者的年龄需求。例如,针对老年人的商品选择的字体要稍微大点,花样不要太多,方便老年人阅读;成年人则喜欢稳重点、个性点的字体,版面上的文字最好避开

"娃娃体""萌趣露珠体"等看上去比较幼稚的字体;而针对儿童的商品往往具有知识性、趣味性等特点,因此可采用变化形式多样而富有趣味的字体,如 POP 体、手写体等,这些字体较符合儿童的视觉感受,不能采用太严肃的字体。

(2)根据地域性需求。包装上的装饰性文字字体还得依据地方文化的需求来进行选择。如我国香港、台湾等地区还有用繁体字的习惯,那么在有些商品的包装字体选择上就应该尊重他们的文化。

(3)根据民族性需求。有些民族有自己的文化和文字,这时商品的文字选择也应该有所倾向。商品如果是销往少数民族地区的,那么在字体上就应该加上他们民族的字体,让消费者一目了然。否则商品可能会对少数民族消费者缺少吸引力和亲和力,甚至还会阻碍商品信息的传播。

(4)根据消费者性别需求。在字体和颜色的选择上,应该根据目标消费群体的性别有所区别。

(5)根据商品属性需求。在字体的选择上也应符合商品属性的特征。如我国的茶包装,多用比较端正的字体加以设计,而洋酒包装则选用一些花体或变形字体。

2.装饰性文字的结构处理与排版

包装上的文字、字母的造型结构各有不同,结构是字体设计的另一重点。要把它们有机且自然地结合在一起,往往要对文字组合进行处理。以基本外形为主导,在结构上扭曲、变形,或改变颜色上的搭配等都是常用的处理方法。

(1)利用共用的笔画。在常用的文字中,存在着许多造型类似甚至相同的笔画,此时我们可以利用这些相同的笔画将两个或几个文字自然地结合在一起。

(2)笔画的连接。有些文字之间拥有共同的水平线,可利用它们的笔画延长使之结合。

(3)用造型或笔画上的互补。在许多文字中,文字间的造型存在着互补的情况,也就是文字之间互相"补缺"。可利用或制造这种特点来达到文字组合的统一。

(4)挤压。这种方法一般用在数量较多的文字组合中,为了使较多的文字看起来更加整体或更具造型感,可以将文字挤压变形并限定在某个特定造型内。其目的是突出或强调其中某一个文字。

(5)连接的环。一个带环的字母或文字可以和另一个带环的字母或文字套在一起或相互延伸穿越,使之成为整体。

(6)为空白区域添色。经常会有一些字母或文字令我们不好处理,在这种情况下可将字母或文字放在一个框里,然后将空白区域添上颜色,会得到想要的效果。

(7)剪切。剪切掉字母或文字的底部,字母或文字的缺陷会造成一定的视觉冲击力,进而促使消费者在这个设计上停留更多的时间。此时,只要把说明文字放在下面就可以收到很好的效果。

(8)叠加法。叠加法就是指将一些字母或文字的部分增大或缩小,零散而无规则地排列,排列时使字母或文字的增大或缩小部分重叠,使这些不规则的排列具有整体感。这种版式最大的特点是不会太死板。

3.1.3 文字设计与选择

文字的类型是十分丰富的,且各有特色。例如,象形文字是抽象与具象的紧密结合,而传统书法字体则让包装更具文化韵味。同时随着电脑技术的不断发展,字体设计也出现了许多新的表现形式。设计师利用电脑的各种图形处理功能,对字体的边缘、肌理等进行多种处理,使之产生一些全新的视觉效果。尽管字体处理的方法很多,字体设计同样要遵循相应的规则。

1.字体设计的基本原则

旅游商品包装的字体设计是自由的,但不是任意的,应根据具体商品的特定要求,如设计商品的特质性能、传达对象、造型与结构、材料与工艺条件手段,做出视觉传达效果最为合理有效的方案。如图 3-2 所示,手撕牛肉干的包装基于欢快、轻松的风格,封面上呈现了雄赳赳、气昂昂的金牛以及笑得正欢的"牛娃娃",红金撞色更有过年的气氛。居中排版的品牌名,便于消费者迅速识别产品属性,其中"牛"字采取延长笔触的方式,巧妙地与金牛的轮廓形象连接在一起,也寓意着新的一年大家都能"牛气冲天"、能量满满。

图 3-2　手撕牛肉干

2.字体选择的基本原则

字体选择应用是否恰当、精到,将对一件旅游商品包装设计的视觉传达效果起到十分明显的作用。选择字体时,要注意内容与字体在气韵上的吻合或象征意义上的默契,设计的风格要从商品的物质特征和文化特征中寻找。不同形态的包装运用不同的字体,以适应其造型与结构特质。例如,采用瓶、罐、筒等圆柱体造型时,包装的字体不宜花哨零乱,以防出现视觉辨识混乱;异形与不规则包装结构则更需注意字体的易识与单纯明确,同时,还应考虑到包装造型的体面关系、比例关系等因素。日本著名医药品厂商 Tumura 生产的沐浴剂的包装袋主题突出,大胆使用书法大字,书写了日本各地温泉的地名和特点,并使品牌鲜明突出、一目了然,如图 3-3 所示。

图 3-3　日本某沐浴剂的包装袋

3.广告语的设计与表达

旅游商品包装上的推销性广告文字设计得成功与否,直接关系到消费者对商品的印象和信心,关系到商品的销量。一般认为广告语可采用稍有变化的字体,但应奇中有平,感性中见理性,不宜过于花哨,应使消费者产生信任感。广告宣传文字的编排部位一般放在主要展示面上,同时需处理好与牌名、品名的关系。

4.产品信息的安排

(1)包装商品名称。商标品牌名称的文字设计是包装文字设计中的重要环节,设计时要根据商品的内容与属性进行,要求反映商品的特点、性质,并具备良好的识别性和审美功能。

(2)包装说明性文字。说明性文字主要用于介绍商品包装的功能、特点、使用方法、储存限制等。说明性文字的信息内容应包括以下几个方面。

①与内容物有关的文字,如辅助性说明、内容物含量、性能、用途、用法等;制造商、营销商名称、厂址、生产国或地区等与出厂有关的信息。

②说明性文字的标准。说明文字的内容和字数较多,一般采用规范的印刷标准字体,

所用字体的种类不宜过多,重点是字体的大小、位置、方向、疏密上的设计处理,协调好与主体图形、主体文字和其他形象要素之间的主次与秩序,达到整体统一的效果。

③说明性文字的要求。说明性文字通常安排在包装的背面和侧面,而且还要强化与主体文字的大小对比,较多采用密集性的组合编排形式,减少视觉干扰,以避免喧宾夺主、杂乱无章。说明性文字是体现品牌内在价值的渠道之一,一般来说,相关信息越健全,说明该品牌对消费者越负责,把能预见到的问题都清晰地在包装中进行表达,体现了对消费者的人文关怀。

3.2 图 形

在旅游商品包装中,图形要素的表现是不可缺少的,它更容易被消费者认知与记忆。比起文字语言,图形更直接、明晰,且不受语言障碍的影响。实物形象是旅游商品包装中视觉表现要素中的主要形象,它真实、可信地传达着实物的特征,能满足消费者直接了解内容物的心理需求,具有强烈的说服力。当消费者在不同旅游地点游玩时,他们往往会购买一些手信作为送礼佳品。因而他们在选择时,更多地会关注该旅游商品是否具有纪念意义和地方特色。这时,便对旅游商品包装上的图形设计提出了进一步要求。即不论是主图形形象抑或是辅助性的装饰图形,都应在一定程度上反映旅游地特有的景观信息、特色纹样或是人文历史等,进而刺激消费者的购买行为。例如,获得全球公认的设计三大奖项德国红点奖最佳设计奖(best of the best)、德国汉诺威 iF 设计奖及美国 IDEA 奖(美国工业设计优秀奖)的褚橙包装(见图 3-3),它的包装箱外观简洁大方,内涵寓意深刻。我们可以看出,商标以老先生戴草帽的形象设计构图,表现形式以白描为主,线条繁复而流畅。圈的年龄刻度"51、62……84"代表了老人不同时期的重大节点。其表现方式为木刻版画,呈现简朴而干练的褚氏风格,使其成为包装上视觉的聚焦点。

图 3-4　褚橙包装

3.2.1　商标

商标是指企业用来使自己的产品或服务与其他企业的产品或服务相区别的具有明显特征的标志,是企业精神和品牌信誉的体现。在设计时应注意其摆放的位置,使其达到突出的视觉效果。商标是品牌的重要象征,包装设计的一项重要任务就是展示品牌,让消费者在最开始的评估和选购过程中就能轻易辨识出这一品牌。

1.商标的展示

旅游商品包装上的商标在内容上可以分为产品标志、公司标志和认证标志三类。大多数情况下,包装设计师不需要进行商标设计,只需让品牌标识尽可能合理地呈现出来。

2.商标的设计

商标从形式上一般分为文字商标、图形商标和文字图形相结合的商标三种形式。成功的商标设计需要将丰富的内涵以更简洁、更概括的形式在相对较小的空间里表现出来,同时需要观察者在较短的时间内理解其内在的含义。例如,由浙江旅游职业学院翁栋设计的中国职业技术教育学会旅游职业教育专业委员会的标志(见图3-5),其设计理念是以诗画山水为设计主题,结合机构属地标志性的三潭印月,以及旅游两字拼音首字母"L""Y";整体以圆形轮廓呈现,用色以诗画山水中的蓝色、绿色为主基调,以两片叶子抽象的造型,寓意人才培养、成长成才。

图 3-5　中国职业技术教育学会旅游职业教育专业委员会标志

3.2.2　摄影

通过摄影手段将商品自身的形象直接运用到包装设计上,这样可以更真实有效地传达商品信息,使消费者更直观地认知商品。例如,在食品包装上较多地采用摄影手段,以图片形式真实生动地再现商品的真实面貌。

3.2.3 图形创意

和旅游商品包装内容相关联的辅助装饰图形,对主体形象起到一种辅助装饰的作用,利用点、线、面等几何图形或肌理效果来丰富包装。从表现形式上看,图形一般分为装饰图形、水墨图形、卡通形象、插画、几何形态、抽象图形、半具象图形等。

1.装饰图形

装饰图形是对自然形态进行主观性的概括描绘,它强调平面化、装饰性,拥有比具象图形更简洁、比抽象图形更明晰的物象特征。装饰图形依照形式美法则进行创作设计,具有很强的韵律感。

我国装饰图形有几千年的历史,积淀了许多精美的装饰图形。在礼品包装设计中常采用传统装饰图形作为盒面的主要元素,这是因为传统装饰图形本身就具备了丰富的文化内涵和美好寓意,如龙纹、凤纹、虎纹、牡丹纹、如意纹等,都是大众喜闻乐见的图案纹样。我国是一个多民族国家,许多少数民族都有自己独特而精美的装饰图形,有很强的装饰性和审美性,在设计具有中国传统风格的礼品包装时,适当地运用这些具有民族韵味的装饰图形,会使其具有很强的民族性、传统性和文化氛围。但在运用装饰图形时,一定要注意与现代设计观念的结合,应从传统纹样和民间美术中提取精华,通过取舍、提炼、变异和创造,形成新的民族图形,使其更加适合现代人的观念和审美需求,体现空灵的意境和深邃的文化性。

2.水墨图形

水墨元素具有独特的艺术性,可作为新鲜的养分与元素融入现代包装设计之中,彰显设计品位。基于此,应该深刻解读水墨的内涵,明确其语言形式,将旅游商品包装设计与水墨有机结合,创造出更具艺术价值的作品。在设计作品时,通常会结合所要设计的产品的内涵选取适宜的水墨图形,经电脑技术处理后将其融入设计之中。在旅游商品包装设计中引入富含水墨元素的图形,使整个设计的表现空间更立体化,让消费者形成身临其境的感觉,如同进入多彩的水墨民族文化之中,并引发消费者的无限遐想,进而提高产品的附加值。

3.卡通形象

以卡通形象为主体形象的设计,往往是基于原有企业的商品的卡通形象在市场上已有较大的知名度,只要进一步强化形象就很容易被消费者接受。例如,"旺旺"牛奶包装设计。该包装的显著特点是最大限度地凸显童趣、益智和活泼,利用卡通动漫人物这一元素为食品包装设计营造出一种强有力的视觉感受,充分调动儿童天性并刺激其购买欲望,从而促进食品的销售。

4.插画

插画为旅游商品包装设计带来更加丰富、生动、多样化的表现形式。旅游商品包装上的插画要能够形象、主观地表现商品的内涵,使其特点可视化,让消费者感知到商品的文化气质。应用于旅游商品包装的插画应简单、清晰,容易让消费者理解。拟人化的包装方法,可以使商品更加形象、生动,缩短消费者和商品的距离。插画不仅能够体现时代的语言,超越主题,体现品牌的核心,凸显品牌的共性与独特性,还与消费者形成共鸣,给人以美的享受。售卖西饼、礼饼的何记西饼所推出的产品包装与款式均充满了无限创意,新潮的元素设计迎合了年轻人的喜好。升级后的包装形象品牌选择了缤纷的手绘插画风格,来诠释何记西饼的产品品类。其中各类水果及酥饼的写实插画,让消费者能直观地感受并区分产品口味(见图 3-6)。封面选用四种高饱和度的撞色搭配,诠释了每款酥饼的丰富

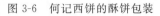

图 3-6 何记西饼的酥饼包装

口味,进而给消费者带来刺激的味觉联想。侧标的品牌名及标签式 logo,以繁体字的形式表达了别样的文化韵味,色块填充的笔触强化了产品属性,同时有效地延续了产品信息的可读性。插画上还有小人物与食品的互动,增加了包装的趣味性。

5.几何形态图形

按形态所具有的形状或机能进行划分,几何形态图形可大致分为以下五种类型。
(1)圆形,如椭圆、圆柱、圆锥等;
(2)弧形,如圆弧、螺旋形、抛物线等;
(3)角形,如三角形、三角柱、三角锥、多角形等;
(4)方形,如正方形、矩形、平行四边形、梯形等;
(5)不定形,如具有弹性的曲线形或是两组以上的复合形态组合,其构成大多采用自由曲线组合及不规则的偶发图形。

几何形态具有自由、活泼的特征,可以自由结合,适于营造动态感和韵律感;而方形、圆形、三角形等纯粹几何图形则是人类精神的抽象意识附和视觉化而成的图形,适于营造理性的简洁感和秩序感。

6.抽象图形

抽象图形是指利用造型的基本元素点、线、面,经理性规划或自由构成设计得到的非具象图形。有些抽象图形是由实物提炼、抽象而来的,其表现手法自由、形式多样、时代感强,给消费者创造了更多的联想空间。可用抽象图形来象征商品的内在属性,人们通过视觉经验产生联想,从而了解商品的内涵。在包装设计中运用抽象图形作为主要表现形象时,其概念与诉求通常与所包装的产品相关联,而且含有强烈的暗示性,使消费者由包装上的抽象图形而联想到包装内容物的优良品质与丰富内涵。抽象的美可以给消费者更多的思维空间,使其自由发挥艺术想象。

7.半具象图形

半具象图形是将生活中具象的题材,通过适当的变形、夸张等手段,使原有的图形更加单纯、简洁,成为具象和抽象兼具的形象。它比具象图形更具有现代时尚感,比抽象图形更容易让人了解、辨认,所以在包装设计中运用半具象图形,更具有吸引性、准确性和趣味性。尤其是一些卡通形象,被更多地运用于儿童商品的包装设计中,且如今卡通形象也日趋成人化、大众化,受到更多人的喜爱。电脑辅助设计技术为半具象图形的描绘提供了更多、更快捷的表现方法,同时也为半具象图形提供了更加丰富、更加新颖的语汇。

3.2.4　符号与图标

信息社会是一个符号化的世界,便捷的交通导致的经济文化交流变广、变快以及网络的全球化和频繁的国际贸易等现象的出现，都需要信息可以得到更普遍的理解，而符号与图标能够超越语言的限制，使人们达到有效沟通的目的。在包装设计中引入必要的符号与图标可以帮助消费者更好地识别商品，选择自己信赖的品牌。符号与图标在商品储藏、运输直至到消费者手中都起着非常重要的作用。

东方美学文化往往是感性的，注重"传神与意"，强调意境美，同时在包装的表面会添加许多装饰底纹。至于在逻辑上是否符合造物的实际情况倒显得不那么重要，主观意识比较强烈。在色彩运用方面，多选用典雅的颜色，追求淡雅、纯净，强调调和与内敛，这正符合东方人含蓄、细腻的性格特点。

例如，2021 年起杭州西湖龙井茶启用统一包装。当前市面上西湖龙井茶的产品外包装形式各异，辨识度不高，使得消费者产生了严重的品牌认知困惑，让假冒伪劣"西湖龙井"产品有了可乘之机，严重损害了西湖龙井品牌价值和消费者的合法权益。为此，管理协会经过设计方案公开征集和三轮社会公众投票评选，遴选出"最杭州，更国际""最山水，更意境"这套主题贴切、特色鲜明的设计，作为西湖龙井茶的统一包装（见图 3-7）。"最杭州，更国际"系列被选为茶农用统一包装，设计师是一名地地道道的杭州人，在他眼中，三潭印月石塔和西湖边的群山形象可谓是西湖龙井茶原产地的经典代表或者说是最恰当的视觉符号，西湖龙井茶也有资格完美诠释"最杭州"，代言新杭州。西湖龙井茶之名始于宋，闻于元，扬于明，盛于清，自古驰名中外，而在新时代，西湖龙井必将"更国际"。"最山水，更意境"系列被作为茶企用统一包装，瓷罐和铁罐造型上断桥、三潭印月等杭州元素立体呈现，凸显了西湖概念和人文美学，使其与其他品类茶叶包装的区别清晰可辨。值得注意的是，西湖龙井茶统一包装必须与产地证明标识配套使用。通过推行茶农统一包装，可以避免熟人市场无标销售行为，能更好地管理西湖龙井产地证明标识，规范西湖龙井茶农销售市场。通过推行茶企统一包装，可以提高中小茶企的西湖龙井产品辨识度和市场知名度，能更好地帮助中小企业发展。推行统一包装是做精做优西湖龙井品牌、加强原产地保护的有力手段，能进一步提升西湖龙井的品牌信任度、美誉度和品牌价值，让西湖龙井这块金字招牌更加闪亮。

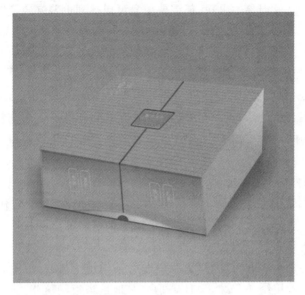

图 3-7　西湖龙井茶包装

在日常生活中,人们对信息的解读也越来越依赖平面符号与图标,包罗万象的符号体系充斥着人类社会生活的各个方面,诸如高速公路、机场、地铁导视、宾馆服务、医疗救护、邮政服务、银行金融服务、博物馆、停车区域、洗手间等。

条形码是将宽度不等的多个黑条和空白,按照一定的编码规则排列,用以表达一组信息的图形标识符。常见的条形码是由反射率相差很大的黑条(简称条)和白条(简称空)排成的平行线图案。条形码可以标出物品的生产国、制造厂家、商品名称、生产日期、图书分类号、邮件起止地点、类别、日期等众多信息,因而在商品流通、图书管理、邮政管理、银行系统等多个领域都得到了广泛的应用。条形码技术是在计算机的应用实践中产生和发展起来的一种自动识别技术,是实现快速、准确而可靠地采集数据的有效手段。

3.2.5　图形设计要点

1. 信息传达准确

图形作为视觉传达语言,在设计时需要考虑信息传达的准确性,在处理图形时应能反映商品的品质,抓住主要特征,注意关键部位的典型细节。图形的准确性并不等于直接性与简单化,一种形象往往是在同类形象的比较中得出的个性特征。图形若要传达某些特定信息,还应针对不同地区、国家、民族的不同风俗习惯加以个性化表现,同时又要适应不同性别、年龄等的消费对象。设计者需认清图形语言的局限性和地域性,避免不恰当的图形语言而导致包装设计的失败。

2. 鲜明独特的视觉感受

当代旅游商品包装的视觉传达设计作为一种小型广告,必须注意图形的鲜明性与独特感,应有足够的效应与魅力。要将简洁与复杂的关系处理得当并富有变化,复杂而不烦琐,简洁而不简单,简而生动,繁而单纯。

3. 健康的审美情趣

旅游商品包装在作为商业媒介的同时,也客观地产生了一定的文化效应,因此,不论如何新颖独特、意趣盎然,都不应是无条件地随意发挥,应注意体现健康的审美情趣。色情的、丑恶的、宣扬封建迷信等的图形显然都不应出现在包装上。

3.2.6　图形设计原则

包装设计中的图形设计应遵循以下基本原则。

1. 准确传达信息原则

图形设计一定要体现商品的典型特征,包装内容物要与包装外部形象相一致,并能准确地传达所要求包装商品的特征、品质和品牌形象等。通过图形视觉语言的表现,能使消费者清晰地了解所要传达的商品信息。有针对性的设计和信息传达,对消费者有一种天然的亲和力,能产生共鸣和心理效应,引起消费者的购买欲望。

2. 突出鲜明个性原则

我们已进入个性化的时代,追求个性、张扬个性已成为当今青年人的追求和时尚。在商品竞争中,包装设计的外在特征越来越重要,尤其是礼品包装设计,只有具有创新的视角和表现,在同类包装中才能脱颖而出,吸引消费者的视线,在商品的海洋中战胜竞争对手。

3. 选用恰当图形语言原则

国家、地区、民族风俗不同,在图形运用上也会有不同的忌讳,例如日本人喜欢樱花,比较忌讳荷花,意大利人忌用兰花,法国人禁用黑桃等,类似的图形禁忌还有很多,设计师一定要深入了解并掌握这些知识,尊重相关国家和地区的风俗习惯,避免因不当的设计而带来不必要的损失。

4. 图形与背景相互映衬的原则

被我们认知的对象称为"图",其周围背景则称为"地"。受物体大小、形象、明暗、肌理等诸多因素的影响,图与图、图与背景是相互矛盾、相互依存的。在设计旅游商品包装时,如果是以图形为主要元素,则要充分考虑图形与背景的关系,做到图形从背景中脱颖而出,形成强烈的视觉效果。

3.3 色　彩

色彩作为旅游商品包装平面视觉设计中的重要元素,它的合理搭配与设计能对商品起到美化、促销的作用。恰当的配色能增加消费者对商品的信任感,满足消费者的情感诉求,加深消费者对于品牌和商品的记忆。旅游商品包装的色彩能否在第一时间抓住消费者的心理需求,取决于商品所传达的视觉信息能否被消费者接受并产生视觉信息的反馈。此外,地域的不同,也会影响消费者的色彩体验与选择。色彩作为地域文化的一种映射,它是决定消费者对旅游商品第一印象的关键,同时也是包装设计的先决条件。色彩给予人的第一印象有时甚至先于图形与文字。因而旅游商品包装的色彩需考虑文化性、地域性以及象征性,使其更具有购买竞争力。

3.3.1 色彩设计的原则

1.传达性原则

色彩运用的目的是使包装具有良好的可视性、可辨性和可读性,使其与同类商品有明显的差异性,具有鲜明的个性特征和良好的识别性,通过适当的色彩设计使包装能更有效、准确地传达商品信息。色彩不仅具有强烈的视觉冲击力和较强的捕捉人们视线的能力,也能使消费者在阅读商品信息时更容易、更快捷。这就要求设计师在进行商品包装的色彩设计时,必须通过全面的市场调查和分析定位,根据企业、商品的特点,通过对色彩的科学分析,有针对性地对色彩进行设计和应用。应依据色彩的科学规律、人的心理因素和色彩的感性因素,适当地运用色彩的对比与调和,使包装设计符合明视性、诱目性、易读性及趣味性等生理知觉条件。

2.商品性原则

不同的商品包装具有不同的色彩形象及习惯用色。商品包装的色彩设计的目的就是要利用色彩来表现商品的特殊属性,使消费者通过色彩所传达出的整体印象、感觉、联想,准确地判断出商品的内容。这取决于消费者以往的知觉经验和联想作用。商品的习惯用色一般由两方面因素决定:一是体现商品本身的性能、用途和色彩;二是消费者对商品使用的考虑与对色彩的感受。例如,果味饮料的包装设计,大多采用明快、鲜亮的水果色,充分表现饮料的新鲜、可口、美味。

3.整体性原则

包装的色彩设计是一个完整的色彩计划,在商品的不同发展阶段,有相对应阶段的色彩风格,每种色彩均有特定意义和作用,所以,在进行包装的色彩设计时,必须处理好包装色彩的整体效果,注意色彩与色彩之间、色彩与图形之间、局部与整体之间,以及单个面色彩与文字、材质之间的相互呼应、相互影响的效果。盒面的色彩与其他几个盒面色彩之间,应尽量运用简洁、明快的色彩,在考虑商品视觉冲击力的同时,形成整体效果的协调性,避免过多地突出第一局部色彩,还必须与企业形象、广告策略等联系在一起,在设计和实施时保持一致风格。快餐业国际巨头麦当劳在 2020 年底悄然推出了其新的全球包装设计(见图 3-8),标志着战略营销和运营转变的开始。这套设计由麦当劳和英国创意机构 Pearlfisher 联手打造,风格简洁,基调明快欢乐,直观地反映包装中的食品。麦当劳国际总裁伊恩·博登在 2020 年 11 月说,"我们的包装每天被超过 6000 万人次消费者使用"。新的包装设计干净、简化,由有趣且富有创意的图形组成。例如为适应移动端和线上订单而更改了存储方式。新的包装盒、包装纸和杯子上的标志性商品信息位于外部,以便于店内识别。经典的红色炸薯条纸包装内部用厚厚的黄色条纹装饰。"吉士蛋麦满分"的包装纸很有创意,在全白包装纸的中间有一个黄色的蛋黄。"巨无霸"盒子由汉堡和渗入奶酪的分层图形表示。"麦香鱼"包装采用了相似的方法,在外部装饰了两条蓝色海浪。字体在整个系统中都是相同的,并且简约、明快而现代化。

图 3-8　麦当劳推出的新的包装设计

4.独特性原则

独特性是某商品区别于其他商品而在众多竞争对手中脱颖而出的重要原则之一,设计师应强化包装的差别性,在注重色彩使其具有时尚性、整体性的同时,也要使其具有独特的个性。流行色是商业竞争的重要手段,它既能适应消费,又可引导消费、促进消费。因此,设计师通过对流行色的有效研究和预测,可以利用商品包装的色彩因素强调时代意识,更新人们的消费观念,达到扩充市场容量、引导时尚的目的。

如图 3-9 所示,"阳春三月"袋泡茶是一款来自云南的无农药残留古树大叶茶。"阳春三月"普洱采用袋泡茶这种方便、实惠的形式,旨在激发年轻消费群体对该品牌的认知,也是以全新风格去打破同质化包装的一次尝试。该包装沿用"阳春三月"仕女图的品牌标识,在延续品牌原有文化符号的基础上推陈出新,以插画形式对其重新进行画面布局和着色,传统工笔手法的运用更显地道古韵。在色彩方面,选择了青色和米色进行搭配,贴合茶叶包装本身简约的设计风格。整体雅致大方的色彩应用,既是对茶包温和特性的诠释,也体现了现代的时尚感与品位。而外观圆润可爱的"袋泡茶"字体设计,使得本身沉稳的茶叶多了几分亲切、俏皮的特性,同时画面中的窈窕女子形象,则贴合了女性温和柔情的内心以及对美的追求,进一步激发了受众群体的购买欲望。

图 3-9 "阳春三月"袋泡茶设计

3.3.2 包装设计中色彩的作用

1.色彩具有感知效应

色彩是视觉感知中极具冲击力的一种感官刺激。人们在看到不同的色彩时,会联想到不同的情感。在包装设计中,运用人们对色彩的感知所产生的情感规律,就能够引发消费者对商品的兴趣,从而吸引消费者选择商品。另外,色彩还能够体现出商品的品位。通常来说,若商品包装的色彩比较素雅、简约,则说明这类商品较为朴素实用,而一些奢侈消费品,通常都会利用华丽的色彩、强烈的对比度,让人觉得这类产品高贵、奢华。除此之外,色彩也会使人产生轻重和软硬等感觉,例如,浅色会给人轻柔、绵软的感觉,而深色则会让人觉得沉重、冷硬。在色彩的运用上,东方美学一般选用代表情感的颜色,追求淡雅、朴素、和谐;反之,西方美学在设计色彩时较多运用纯度极高的原色,个性鲜明,具有强烈的视觉冲击力。

2.色彩能够对商品属性发挥指示作用

在包装设计中,色彩的应用应当突出商品的属性和功能。同时,还应当考虑到商品在以往的包装设计中色彩运用的习惯,从而让固定的色彩代表特定的商品类型。让消费者在购买商品时,也形成一种运用色彩来辅助判断商品的习惯,从而能够更容易地通过包装来了解其中的商品。另外,不同的人对于色彩的喜好也会有所差异,在进行商品包装设计时,应当对特定市场中消费者的审美和心理进行相应的了解,从而将其运用到包装色彩中,以此来吸引消费者,使其能够产生购买的欲望。

除了以上因素之外,包装设计中色彩的应用,也在一定程度上与商品的档次以及销售方式有关。例如,高档商品的色彩更偏重于奢华、庄重。而不同的色彩,由于对不同审美人群的吸引力有差异,包装的展示效果也会不同,从而影响到销售规模。系列化包装是许多商品包装发展的必然趋势,同样也是包装设计中扩大销售的一种有效形式。系列化包装可以使消费者迅速树立起品牌印象,一看便知是某一品牌的产品,但仔细区分每一种产品又各有不同的特点,给人留下深刻印象。无论是系列化包装还是礼盒包装,抑或是单个包装,都对包装设计有着诸多要求。首先,统一的商标。例如,徐福记巧克力拥有独特的商标,商标是包装设计中系列化表达的重要体现。其次,统一的色彩。徐福记巧克力精制符合中国消费者口味的巧克力,包装的色彩上就要营造醒目的视觉效果,用色彩产生的视觉冲击力加强消费者的记忆,树立起品牌的形象。根据徐福记巧克力的品牌定位,其品牌包装中色彩设计主推中国元素,为了迎合新年的热闹氛围,徐福记巧克力更是推出了新年巧克力。中国乃至整个亚洲地区的国家都对于红色、橙色等鲜艳的色彩更为喜爱,所以徐福记巧克力在包装设计中也应多采用鲜艳明快的色彩。在中国传统文化中,红色是喜庆、吉祥的象征,在包装设计中适当合理地运用红色,易使消费者产生情感共鸣。橙色是识别性和易见度很高的色彩,它既有红色的热情,又有黄色的光感,十分富有活力,有利于增强食欲,提升消费者购买欲望等。在进行包装的色彩设计时,要注意处理好系列化产品包装设计的整体效果,注意色彩与色彩之间、色彩与文字之间、整体与局部之间的呼应。

3.色彩在塑造品牌中的作用

首先,色彩的应用能够发挥宣传商品、促销商品的作用。对色彩的准确把握,能够找准对消费者吸引力更大的色彩,从而通过色彩的应用,让商品看上去更为精美,吸引消费者产生购买欲。其次,色彩的应用能够凸显企业的标志与个性。对一些知名商品品牌的研究发现,虽然他们的包装在不断地变化和更新,但是主色调却一直保持不变。固定的色彩搭配,能够在消费者心中始终保持着深刻的映象,而消费者在看到类似的图案的时候,很容易联想到这个品牌;这不仅能够给消费者加深印象,当企业推出新产品时,还可以借用这种标志性色彩让消费者更容易接受,从而产生更好的品牌效应。例如,Agama 来自俄罗斯,拥有自己的零售链和生产设施,是冷冻海鲜市场的领导者,并向俄罗斯国内最好的餐厅供应产品。该品牌已有 20 多年的历史,赢得了客户的信赖,并不断改进其产品。如图 3-10 所示,在包装设计上,延续了 Agama 品牌友好而年轻的沟通风格,选择了鲜艳、富于表现力的颜色来区分销售货架上的包装,并使其与竞争对手区分开来。它以柔和的蓝色为基础,以明亮的红色和橙色元素为点缀,突出了产品的名称和说明。在装满奶酪棒或虾的盒子上,有趣的插图设计使消费者能会心一笑,而其中的许多表情无疑将成为这家公司的一个主要特征。

图 3-10　Agama 公司的商品包装

4.色彩在包装设计中的方法运用

(1)运用情感表现的手法

色彩通常有两种分类方法。一种分类方法将色彩分为冷色和暖色。冷色调往往容易让人联想到冬季、海洋、冰雪等情景,这一类色调适合用于冷冻食品、日常清洁用品等;冷色调表现出来的寒冷、清爽、冷硬的感觉,与这一类的商品比较贴合。相对冷色调来说,暖色调的应用范围更广泛,一般来说,食品、玩具、化妆品等比较适合运用暖色调;暖色调往往会让人觉得温暖、刺激、有食欲,因此,与这一类的商品更为贴合。另一种分类方法则将色彩分为活泼色和沉静色。活泼色(也称兴奋色)一般指的是色相环中的暖色系,尤其是较为鲜艳的红色,让人感受到跃动的生命力,活泼色一般用于运动器材等商品的包装设计中。而沉静色指的是色相环中的冷色系,一般来说,蓝色和绿色这一类的色彩,能够让人感觉到沉静,联想到安静的环境,使人觉得放松、镇静,沉静色一般用于休闲类、化妆品等商品的包装设计中。

(2)针对消费者类型的运用方法

不同的消费群体,对于色彩的理解不同,接受程度也不同,因此,在进行商品包装设计的时候,色彩的运用应当迎合主要消费人群的喜好。尤其是针对不同性别的人来说,对于色彩的感受度有着很大的差异。一般来说,女性给人以柔弱、温柔的感觉,容易让人联想到鲜花的艳丽,而在商品的包装设计中,也应当根据女性的这一特点,运用较为温和、明亮的色彩来代表女性,让女性消费者在选购商品时,感受到色彩所带来的心灵上的共鸣,从而产生消费的欲望。在消费市场中,女性消费者所占的比例更大,因此,了解女性消费者,并且将其自身特点在包装设计的色彩运用中体现出来,更容易让商品在消费市场中占据有利的竞争地位。男性给人的印象是沉稳的、有力量的,在色彩中,诸如褐色、深蓝色等更能够代表男性的形象,因此,针对男性消费者的商品包装设计,应当运用这一类的颜色,结合中低明度的色彩,来对男性消费者产生更大的吸引力。除此之外,儿童也在消费市场中占据着重要的地位,针对儿童进行的产品包装设计,应当是能够代表童年的多姿多彩、轻松愉悦的色彩。

(3)独特风格的表现手法

运用色彩来表现风格,可以通过以下几种方法来实现:一是区分传统的色彩与现代的色彩。当然,传统的色彩与现代的色彩并非是固定的,而是随着时间的推移不断地在变化。传统的色彩一般指的是有年代感、稳重可靠感强的色彩;而现代的色彩指的是较为明亮的、年轻富有活力的色彩,尤其是当今时代的主流色彩。二是区分华贵的色彩和朴实的色彩。较为华贵的色彩能够体现出商品的品位,一般情况下,黑色、金色、红色,往往是奢华商品的色彩代表;而朴实的色彩则更容易吸引普通消费者,能够让消费者觉得这类商品更为实惠、实用。三是单色系的色彩运用。虽然多种色彩的组合能够吸引人的目光,但是有时候,单一的色彩反而更容易给人留下深刻的印象。单一色彩运用于包装设计中,能够更好地体现出商品的独特风格。因此,在包装设计中,也可以适当地运用单色,从而达到更好的效果。

3.3.3　色彩的基本功能

1.色彩的识别功能

缤纷的色彩因在色相、明度、纯度等方面的差异性,从而形成了各自的特点,将这些特点运用在包装上有助于消费者从琳琅满目的商品中辨别出不同的品牌。因此,商品包装色彩运用得当会吸引消费者的注意力,从而触发购买行为。闻名全球的意大利巧克力品牌费列罗,以其独特的金色外包装给消费者留下了奢华、高贵的印象。费列罗榛果威化巧克力采用金箔纸进行独立包装,然后放进晶莹剔透的透明礼盒内。经过发展,费列罗推出了白色椰蓉球巧克力以及黑珍珠巧克力系列,白色椰蓉球巧克力采用的是特有的银色包装,黑珍珠巧克力采用的是深棕色包装,充分体现了色彩在包装设计中的巧妙运用。为了有效传达商品的属性和价值,包装色彩设计的定位与构思会采用不同的方式进行,依靠商品自身的固有色,使包装能直接体现商品的属性。以费列罗巧克力包装为例,金色的锡箔纸包装下以褐色的皱纹纸作底座,色彩设计中以黄色为主的暖色调,充分协调包装色彩设计。包装设计的整体色彩不但体现出费列罗巧克力品牌的高贵感觉,还可以产生和谐、美好的色彩感觉,具有较强的视觉冲击力。同时金色与褐色形成色彩对比,产生别样的视觉效果。

2. 色彩的情感

我们在生活中无时无刻不在接触大量不同的颜色,在接触这些颜色时会产生不同的心理感受。有些人可能会对某些色彩特别有感情,这是心理状态的本能反应;有的是长时间的经验固化;有的是来自对大自然、环境、事物的联想,这些色彩情感方式因人而异。因此,包装设计应当充分考虑不同感觉的色彩的抽象表现规律,使色彩能更好地反映商品的属性,适应消费者的心理需求,满足目标消费者不同层次的需要。

(1)冷暖感

色彩的冷暖效应是色性所引起的条件反射,例如,蓝、绿、紫等颜色会给人以水一般冰冷的联想,红、橙、黄等颜色又带给人们火一般的感受。不只是有彩色会给人冷的感觉,无彩色也同样如此:白色及明亮的灰色,给人寒冷的感觉;而暗灰及黑色,则令人有一种暖和的感觉。例如在褚橙包装的配色方面,结合原来的设计,继续采用褐色和橙色为主要色调,如图 3-11 所示,强调"褐色"和"橙色"蕴藏的温暖,使之更加和谐。

图 3-11　褚橙包装中的色彩应用

如图 3-12 所示,"掌门茶金牛旺福"礼盒用色更加传统,独特的柜门式礼盒以新年红为主视觉封面,去除了繁杂的装饰元素,采用毛笔书写体直观呈现产品名称。而打开了金牛锁扣后,便可看到火红外盒下形态各异的五福金牛,剪纸的形式极具层次感与立体感,同时新奇的开盒方式,给消费者带来中国茶的全新演绎。另外可以看到的是,内盒包装上的插画从《五牛图》中汲取灵感,并结合中国牛的传统性格及品质特点分别进行了勤、毅、勇等的主题形象刻画,尽显东方之美。

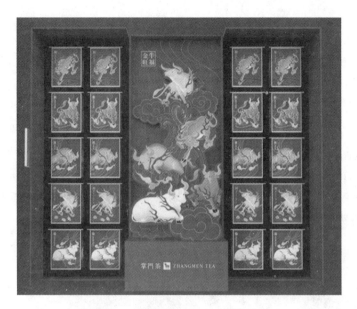

图 3-12 "掌门茶金牛旺福"礼盒包装

　　如图 3-13 所示,国家宝藏与八马茶业联名打造的"六福临门"定制款礼盒包装,采用中国传统色彩搭配,并巧妙复刻了敦煌莫高窟壁画《鹿王本生图》形象,营造出国色茶香般的品质感。该礼盒采用暖色的多彩福罐包装,运用细腻的线描插画形式,其中起伏的茶园山脉对敦煌壁画主体起到了分割画面的作用,同时烘托了整体氛围,更符合现代人的审美需求及习惯。画面的主角——九色鹿及骏马形象,其造型轮廓俊美,呈现出潇洒飘扬、豪放自由的姿态,并以现代插画处理方式进行再设计,意在突出敦煌壁画风格。

图 3-13 "六福临门"定制款礼盒包装

（2）兴奋感与安静感

一般来说，暖色、高明度色、纯色对视觉神经刺激性强，会引起观者的兴奋感，如红、橙、黄等色，称为兴奋色（也称活泼色）；而冷色、低纯度色、灰色给人沉静的感觉，称为沉静色。前者令人感到活力与愉快，若要在设计中表达瑰丽的效果，可用兴奋色；后者使人有安静、理智之感，若表达高贵、稳重的效果，则可用沉静色。以往我们熟悉的"江小白"，都是以故事瓶的形式呈现有趣的文案，进而激发消费者的情感共鸣。不过在果酒逐渐兴起的市场背景下，"江小白"也顺势定位新方向，以"高粱酒＋果味"的巧妙结合推出"果立方"系列，给消费者带来不一样的惊喜。水果味的高粱酒系列，如图3-14所示，其包装依旧呈现年轻、时尚的设计风格，并根据水果外观属性，分别选用对应的色调进行渲染，直观激发消费者对产品的味觉联想。

图3-14 "江小白水"果味高粱酒系列包装

（3）轻重感

色彩的轻重感主要由色彩的明度决定。一般明度高的浅色和色相冷的色彩感觉较轻，其中白色最轻；明度低的深暗色彩和色相暖的色彩感觉重，其中黑色最重；若明度相同，则纯度高的色彩感觉轻，而冷色又比暖色显得轻。一般来说，画面下部多用明度、纯度低的色彩以显稳重感，对儿童用品包装，宜用明度、纯度高的色彩以显轻快感。

（4）距离感

在同一平面上的色彩，有的使人感到突出而近些；有的使人感到隐退而远些。这种距离上的进退感主要取决于明度和色相，一般来说，暖色近，冷色远；明色近，暗色远；纯色近，灰色远；鲜明色近，模糊色远；对比强烈的色近，对比微弱的色远；鲜明清晰的暖色有利于突出主题，模糊灰暗的冷色可衬托主题。

3.色彩的象征性

在现代社会中,人们几乎每时每刻都要与商品打交道,追求时尚、体验消费已成为一种文化,涉及人类生活的衣、食、用、行、玩、赏各个方面,体现了人们对高品质生活的追求愈加强烈。当我们步入商场、超市时,各类琳琅满目的商品以优美的造型、鲜艳的色彩展示在我们面前,在花花绿绿的色彩映衬下,商品仿佛争抢着与我们对话交流。当我们无暇审视、仔细享受那些独特造型和有着美妙色彩的商品时,更容易被那些具有强烈色彩的包装所吸引。这便是色彩的作用,因为颜色在现代商品包装上具有强烈的视觉感召力和表现力。

人们通过长期的生活体验,有意无意之中形成了根据颜色来判断和感受物品的能力。不同的颜色给人以不同的视觉心理感受,它不仅会增强消费者的审美愉悦,更能激发消费者的判断力和购买自信,丰富消费者的想象力,也陶冶消费者的心智,让人体会到包装设计中色彩的价值与力量之所在。

多数人认为色彩的情感作用是靠人的联想产生的,而联想与人的年龄、性别、职业、社会环境以及生活经验等是分不开的。此外,长期以来人们形成的色彩固定模式,也会使得一些色彩感觉在人们心目中固化下来。总之,象征是由联想并经过概念的转换后形成的一种思维方式。

色彩本身是由于太阳光的作用而产生的一种物理现象。太阳的色光照射到不同的物体上,由于不同物体对光的吸收率与反射率不同,因而产生了丰富的色彩,也就是我们所见到的物体色彩。看起来无色的阳光经过三棱镜的折射之后,会被分解成七色光。在所有的物体中,黑色物体可以吸收七种色光,而白色物体则把七种色光全部反射,因此黑色、白色与其他色彩相比失去了色彩的相貌,形成自身特有的无彩色属性。

从包装设计的角度来谈论色彩,并非是对那些所谓的光学、电磁波以及波长等物理学知识的讨论,而是在设计色彩学的理论基础上,进行色彩的色相、明度、纯度以及色彩心理学等方面的研究。在商品的海洋中,包装设计不断地变化着手法、创新着形式、塑造着个性特征,尤其注重色彩的属性及色彩的运用。色彩的属性并非一成不变,其中各要素之间的变化,给设计色彩的对比、调和的运用,提供了丰富的空间。

在众多的商品包装设计中,无一不是为了能最快捷、醒目地吸引消费者的注意。丰富的色彩传递着各种不同的情趣,展示着不同的品质风格和装饰魅力。追求设计语言的纯粹是设计师孜孜以求的目标,他们以更加理性的独特视角,努力摆脱设计流行中的喧闹、繁杂、缤纷的手法,积极寻找色彩设计的理性与单纯。例如,日本设计师藤田隆设计的"日本琴酒",充分利用无彩色的属性,通过金色文字在透明体容器上的设计排列,在光与影的作用下,体现出该设计的卓尔不凡。设计语言的高度浓缩与概括,将该设计推向了极致,好似众多商品之中一颗璀璨的明珠,迸发出灼灼光彩。

色彩的选择与组合在包装设计中是非常重要的,往往是决定包装设计优劣的关键。追求包装色彩的调和、精练、单纯,实质上就是要避免包装上的用色过多。有时,五颜六色的艳丽繁华未必引人喜爱,反倒可能给人一种华而不实的印象,使人产生眼花缭乱之感。

恰当使用简约的色彩语言,更能体现设计者驾驭色彩的能力,最大限度发挥色彩的潜能。在极简主义的影响下,摆脱传统色彩的固有属性的束缚,结合现代包装设计理论与商品的属性要求,采用无彩色中的金、银、黑、白、灰色进行设计的包装,则更显商品的永恒之美。无彩色系的特殊性质,为许多商品的包装设计提供了充分展示魅力的舞台。如杰尼斯·阿西比为"南非伏特加"酒所设计的包装,就容器造型本身而言,设计者大胆选用了以无彩色系为主的色彩语言进行设计,瓶贴背景为黑色,表面图形采用大面积装饰,纹样在银色的衬托下,透露出强烈的金属质感,图形中央放置白色的盾形标签,在其他无彩色的映衬下,更集中地强化了该商品的信息特征,整个商品显得庄重典雅、品质超群。

设计中的金属色的使用,有助于增强光影效果,并可以丰富空间与层次的变化。因为金、银色具有强烈的反光能力和敏锐的特征,在不同的角度和不同的光影作用下,显出异样的色彩效果,恰当使用会增加商品的高级感和神秘感。其敏锐的光影变化,可以体现出商品包装的华丽、珍贵、活跃的印象,又可起到调和各色的作用,是设计中常用的点缀色和装饰色。单纯地提炼与运用无彩色,有助于强化商品特征,有利于提高商品的品质与档次,有益于增强商品的时代感与个性魅力。

有彩色系具有各自鲜明的属性,而无彩色系中的金、银、黑、白、灰色也同样具备一定的色彩含义。无彩色其实在人们的心中早已形成自己完整的色彩性质,并一直为人们所接受,被称为永远的流行色。单独审视黑、白、灰时,黑色象征静寂、沉默,意味着邪恶与不祥,被认为是一种消极色。白色的固有情感是不沉静性,亦非刺激性,一般被认为是清静、纯粹和纯洁的象征。当黑白相混时就产生了灰色,灰色属中性,缺少独立的色彩特征,因此,灰色单调而平淡,不像黑白强调明暗,但是灰色若含有色彩倾向时,会给人一种含蓄、柔和、高级、精致之感,耐人寻味。

当然,在众多以无彩色为主体的包装设计中,往往其间也点缀着一些纯度较高的色彩,它们的呈现一方面与无彩色形成一定的对比效果,另一方面更是为了烘托主体色彩。无彩色与有彩色的相互作用,对丰富商品包装的色彩效果无疑是十分重要的手段。

(1)金色

金色是金子的色泽,是一种辉煌的光泽色。金色具有极醒目的作用和炫辉感,给人一种明快、亮丽、温暖、崇高的感觉,有强烈的视觉冲击力。它具有一个奇妙的特性,那就是在各种颜色配置不协调的情况下,使用了金色就会使它们立刻和谐起来,并产生光明、华丽、辉煌的视觉效果。

The Dieline Awards是包装设计界的巅峰大奖,是最具声望和竞争力的奖项,"Best of Show"是其中最有分量的奖项。2018年的"Best of Show"由Auge Design工作室为意大利著名的番茄调味品牌Mutti设计的系列包装摘得。如图3-15所示,在Auge Design工作室为Mutti重新设计的六款特殊包装里,每一种番茄产品都被认真对待:有四款锡罐分别装着番茄果肉、樱桃番茄、去皮番茄、Datterino番茄,还有一个玻璃瓶装着番茄泥和一个管状的浓缩番茄酱。Auge Design工作室通过将经典红色与金色叠加在象牙色的表面上,形成跳跃的对比,整体外观设计让品牌变得更加年轻和高级,金色的字体与logo体现出这个历史可追溯到1899年的品牌的上佳品质。

图 3-15　意大利番茄调味品牌 Mutti 包装设计

（2）银色

银色是一种近似银的颜色。它并不是一种单色，而是渐变的灰色。银色是沉稳之色，代表高尚、尊贵、纯洁、永恒。如图 3-16 所示，Releve Lab 这款法国个性化面膜品牌包装，采用灰粉结合的形式呈现法式浪漫，银卡纸印灰粉的材质选择增强了包装的反光度，逆向 UV 的工艺制作使得包装更加精致细腻。包装将品牌名与主题图形相结合，做起凸工艺的图形则以弱化的形式降低了可视度，进而凸显主题文字。此外，采用圆点组合成方形边框，与中心图案相呼应的同时又可进行区分，视觉上的简洁有利于迅速占据消费者的注意力。

图 3-16　Releve Lab 面膜包装

（3）黑色

黑色的基本定义是指在没有任何可见光进入视觉范围时呈现出的颜色。而白色正相反，白色是指所有可见光同时进入视觉范围时呈现出的颜色。黑色在色彩体系中属于无色彩之中性色，具有强大的折中、调和作用，不会同与其放在一起的其他色彩产生不和谐的感觉，所谓"黑色百搭"就是这个道理。其他颜色与黑色放在一起，能够更好地展示其色彩风格和特点，这种无限包容性使得黑色更有魅力。

如图 3-17 所示，"桂巢六堡茶"的包装设计以黑色为主色调，棕色作为辅助色，包装正面加入六堡茶文化主题插画，画面以六堡镇和茶田为元素进行设计。采用 UV 工艺提升包装质感与视觉层次，既能使消费者享受茶叶传递出的浓厚历史感，又给消费者一种高端、大气、上档次的感觉。

图 3-17 "桂巢六堡茶"包装设计

（4）白色

白色象征着纯洁、新鲜、纯真、洁净、有效、真诚和现代感，也暗示着白雪或冰冷的感觉。白色将光线反射，从而让周围的色彩跃然呈现出来。直到最近，白色还一直是医药类产品包装设计领域的主导颜色，因为白色可象征药品的疗效。由于白色与纯洁紧密联系，白色也因此成为乳制品领域的首选颜色。在奢侈品的包装设计中，白色虽可体现富有和经典之感，但有时会显得过于普通而缺乏表现力。在西方文化中，白色象征着纯洁。关于白色，日本设计大师原研哉认为，"白"中有"空"，"空"包含着很大的能量，就像中国传统绘画中的"留白"那样，白色能够激发观者的想象力，从而达到"以少胜多"的效果。

如图 3-18 所示，"上水井"老陈醋白色系列包装设计秉承了"留白"的理念，营造了净、空的境界。这种简洁的设计美学无形中拉高了产品的档次,赋予"醋"这种家居日常调料更丰富的内涵,带给用户全新的消费体验,也为高档精品醋提供了更宽广的市场空间。

图 3-18　"上水井"三年老陈醋包装设计

（5）灰色

灰色是介于黑色和白色之间的一系列颜色,可以大致分为深灰色和浅灰色。灰色是无彩色,没有色相和纯度,只有明度。比白色深些,比黑色浅些,比银色暗淡,比红色冷寂,穿插于黑白两色之间,更有些暗抑的美,幽幽的,淡淡的,不比黑和白的纯粹,却也不似黑和白的单一,有点寂寞,有点空灵。灰色以其丰富的意蕴而被广泛应用于包装设计中。首先,灰色作为素描中使用最广泛的色调,在现代包装设计的复古风格设计中有着广泛的应用。其次,灰色调是一种很好的混合色,对弱化对比度、突出重点起着重要作用。最后,灰调作为一种无色、无色彩倾向的色调,给观看者一种平和宁静的感觉。如果在首饰盒中使用灰调包装,可以显示首饰的稳重感,而在衬衫包装中使用灰调包装,可以给人一种可靠的感觉。综上所述,在包装设计中应用灰调时,应充分考虑灰调的内在属性,把握色彩的应用规律,使设计达到最佳效果。

包装设计,在于孜孜不断地尝试与探索,追求人类生活的美好情怀。色彩是极具价值的,它对我们表达思想、情趣、爱好的影响是最直接、最重要的。把握色彩,感受设计,创造美好包装,丰富我们的生活,是我们这个时代所需的。无彩色设计的包装犹如尘世喧闹中的一丝宁静,它的高雅、质朴、沉静使人在享受酸、甜、苦、辣、咸后,回味着另一种清爽、淡雅的幽香,其不显不争的属性特征将会在包装设计中散发永恒的魅力。

4.包装色彩设计原则

(1)依据商品的色彩属性

包装商品的色彩属性是指各类商品都有自我倾向性色彩,或称为属性色调。尤其是同一类产品,当存在不同口味或性质时,往往要借助色彩予以识别。属性用色、构图和表现手法等,共同构成了商品的属性特点。不同的颜色在视觉与味觉之间会产生不同的感觉,如果包装设计师运用得当,不仅能使商品与消费者之间形成一种心灵上的默契,而且能使购买者产生宜人的体验。一般来说,糕点类食品包装的色彩多选用黄色,因为黄色能促进食欲;纯净水等饮料的包装喜用蓝色,因为蓝色令人感到凉爽。一瓶咖啡的包装,常用棕色体现味浓,用黄色体现味淡,用红色体现味醇。可见,色彩对商品的品质具有一定的影响。例如,可口可乐公司拥有多个子品牌和不同定位的消费者,在包装设计过程中,可口可乐在罐体上用不同颜色进行区分,如图3-19所示。红色罐代表的是经典口味,黑色罐代表的是不含糖的零度可乐,银白色罐代表的是健怡可乐,少糖、含甜菊萃取物的生活系列可乐则使用了绿色。可口可乐采用不同的象征色体现商品的不同个性,红色象征激情活力,黑色象征本源本质,白色象征纯净舒适,绿色象征环保健康。这几种象征色是对主色调的补充用色,是品牌个性的精神补充与物质延续。象征色的运用既加强了包装的色调层次,也取得了丰富的色彩效果。

图 3-19 不同颜色的可口可乐饮料罐

(2)依据消费对象

每一种商品都是针对特定消费群体的,因此,在商品包装设计时依据消费者来进行定位设计就显得尤其重要,包装中的色彩设计亦是如此。不同的消费群体对色彩的喜好也存有一定的差异,对色彩的好恶程度会因年龄、性别、职业等的不同而差别很大。有不少人认为,男性较喜欢冷色,女性则喜欢暖色,但这主要是基于色彩本身所带给人的联想:冷色显得刚毅,富有男性特征;暖色显得温柔,具有女性气质。所以,依据色彩气质的差异,来针对不同的目标群体进行包装设计,也是一项应当遵循的原则。例如,好时巧克力品牌以独特的"小身材,大味道"的水滴状 Kisses 巧克力形象被人们熟知。好时品牌巧克力的包装设计独特,以让人联想到高贵感觉的金色、褐色为主体包装色彩,这样使消费者能在商场众多的商品中准确找到好时巧克力的位置。不仅品牌独立包装如此,连同外包装也是水滴状的,流线型的线条带给人丝滑柔顺的感觉,带给人们视觉上的享受。当然,好时巧克力在包装色彩设计上针对不同口味的巧克力设计了不同颜色的锡纸包装,每一颗巧克力独立包装,不仅让消费者能从包装色彩上联想并分辨出巧克力的味道,而且便于消费者随时食用。

(3)依据地域习俗

同一色彩会引起不同地域的人们各不相同的习惯性联想,产生不同的甚至是相反的爱憎感情。因此,产品要占领国际市场,必须重视地域习俗所产生的色彩美倾向。不同国家民族对色彩的喜好也不相同,如印度喜欢红色、绿色,而忌讳蓝色;尼日利亚等国家则认为红色代表巫术和死亡。以我国为代表的东方色彩具有很强的装饰性。每个地域也都有本土包装风格。

3.4　版面构成设计

3.4.1　包装信息版面构成

当消费者被包装的实体结构或形状、色彩所吸引,从货架上拿到商品后,一般首先看到的是包装的主要信息面,即包装的正面,然后按照从左到右的阅读习惯转向右侧面、背面,从而全面了解商品信息。商品信息依据产品战略和品牌战略有主次之分,根据信息的不同层级分别将其安排在包装的各个版面上,每个版面上所展示的信息层次亦有所不同,包装设计就是将这些不同层次的信息按照一定的视觉流程进行编排,从而引导消费者阅读。

1.设计元素的主次分析

分清基础设计元素和二级设计元素的主次地位,才能确定各个元素在包装版面上的位置分布。一般而言,基础设计元素包括营销商和管理机构要求包含的元素,或者通过对关键元素的评估来确定必备的元素,如品牌标志、品牌名称、商品名称、成分明细、净重、营养信息、条形码,以及生产日期、危害、用法用量、指导说明等。二级设计元素包含所有辅助性的元素,例如产品描述语言或者通过图形、照片、色彩等进行的"故事讲述"。

各元素的尺寸大小、位置和相互关系均由基本布局和基本设计原则决定,而且包装设计的总体战略通常采用一种体现层次感的体系,即视觉流程设计。成功的信息层次设计应该使信息便于浏览,按照视觉流程设计,让消费者首先关注重要部分,再依逻辑顺序观看其他部分。

2.主要信息版面

无论是由何种材料制成的盒子、瓶子、罐子、圆筒、管状、袋状还是其他包装结构,总有一个或两个版面用来传达商品名称、商标等重要识别信息,这个版面称为主要信息版面或包装的正面(简称PDP)。PDP构成了一个包装设计中关键画面的展示区——通过视觉方式传达该产品的市场战略和品牌战略。如何在纷繁庸扰的零售环境中提升该种包装商品的销量,PDP在其中发挥着关键作用。

3.视觉流程设计

要做到层次感和信息的清晰传达,就要对各信息元素进行准确定位,并按照视觉语言设计规律进行有效编排,这就是视觉流程设计。所谓视觉流程,是指视觉在空间的运动过程,通俗地说就是受众阅读信息的先后过程。人们在读取信息时必须一处一处地看,先看什么,后看什么,视线在版面上以一种游动的方式进行,这就是视觉流程。一般情况下,视觉流程设计分为视觉捕捉、过程感知、印象留存三个过程。

3.4.2 商品包装的版面编排原则

包装设计的形式美构成的每一个方面都应是具有广告功能的媒体,使消费者对包装产生兴趣,进而产生购买行为和心理认同。

1.对称与平衡

对称是等量的平衡(我国古代的建筑就是对称的典范)。对称形式有以中轴线为轴心的左右对称(如蝴蝶、蜻蜓等昆虫翅膀),以水平线为基准的上下对称(如水岸边的建筑和树木倒影)和以对称点为源的放射对称(如花朵),还有从对称面出发的反转对称(人与镜中人像)形式等。版面编排设计上的对称含义较广,可归纳为反射、回转、扩大、移动四种基本形式,对称图形具有稳定、庄严、整齐、秩序、安宁、沉静的简洁美感及静态安定感,但稍有不慎,易显呆板。在对称的基础上,不拘泥于对称形式而进行适当变化,使其成为一个宏观对称、微观变化的整体图形,是版面编排的较高境界。

平衡是指两种及两种以上的构成要素相互均衡并予以配合而达到的安定状态,平衡式构图是指画面上的图形、文字、色彩等元素以重心稳定为基准的自由排列形式,较之对称更加变化有致且潇洒自由。平衡感是人类长期观察自然而形成的审美观念和视觉习惯,符合此种审美观念的造型式样具有美感,违背此原则的,就失去视觉上的平衡,给人不舒服的感觉。均衡非平均,平均虽稳定,但缺变化,亦无美感,所以构图切忌平均分配画面。

2.节奏与韵律

在我们生活中存在多种律动现象,包含规则或不规则的反复与节奏,其中,重复使用形状、大小、方向都相同的基本形,可使产品包装设计产生安定、整齐、规律的统一。但重复构成的视觉效果有时容易让人感觉呆板、平淡、缺乏趣味性,因此,在重复的版面中安排一些交错与重叠,可打破版面呆板、平淡的格局。节奏是按照一定的秩序条理,连续地排列,形成富有韵律的节奏形式,它可以是等距离的连续,也可以由形状、长短、大小、高低、明暗等渐变排列构成。在节奏中注入情感、个性及美的因素,就成了韵律,韵律不但有节奏更有情调,能增强版面感染力,拓展艺术表现力。

3. 对比与调和

对比是差异性的强调,存在于相同或相异的性质之间。也就是把相对的两要素进行比较,互为衬托,在大小、粗细、强弱、硬软、直曲、疏密、锐钝、轻重、明暗、黑白、高低、远近、浓淡、动静等方面产生强者更强、弱者更弱的对比,使具有对比关系的事物之间显示出主从关系和统一变化的效果。一般而言,通过对比关系产生的视觉效果明晰且有力,在构图上通常与比例、对称有密切关系。比例是产生对比的必要条件,对称是二要素相互比较的结果,如形状对比、面积对比、方向对比、肌理对比、色彩对比等。在琳琅满目的货架上绝大多数商品只是在人们的余光中一扫而过,能让消费者定下神来观看几秒的已为数甚少,若想让消费者伸手取下对其进行深度了解,就需要产品包装具备鲜明生动的形象面貌,这种鲜明生动则依赖于设计中的对比。设计中的对比需注意度的把握,适度运用对比关系可使画面活泼有趣、井然有序,所有视觉元素调和成统一整体,如空间的虚实、色彩的变化、形体的差异等都是力求和谐而富有变化的对比关系。

对比与调和是相辅相成的。调和是近似性的强调,是指两者或两者以上的要素在质的方面或量的方面,差异和共性并存且被赋予一定秩序的状态,当差异超过共性时,调和即转化为对比。任何一个产品包装设计整体都是由若干个与产品有关的图形、文字和作为衬托的各种色块及装饰图样等局部组成的,各局部都有自身特点,局部之间又存在明显差异及千丝万缕的内在联系。所以设计中诸元素的差异是在确保整体和谐与完美的前提下进行的,抑或是在千差万别的诸元素间寻找和谐与完美的统一与调和。调和的作品具有愉快的、静态的情怀和温和雅致的美。一般而言,整体版面宜调和,局部版面宜对比。

4. 虚实与留白

虚实与留白是版面设计中重要的视觉传达手段,主要是为了增添版面灵气和制造空间感。两者都是通过采用对比与衬托的方式烘托画面主体部分,集中观者视线,使版面结构主次清晰,形成版面的空间层次感。利用留白手法可使整个产品包装画面协调精美,而有意留下的空白,在没有图形,文字,装饰性点、线、面的空间里,可达到"不着一笔、尽显风流"的画面效果。留白以虚的形状、大小、比例等因素影响并决定着版面设计的质量,以轻松的方式留下人们注意的目光,使消费者在休息停顿中看到产品主体信息。中国传统美学有"计白当黑,计黑当白"的说法,留白的多少,需根据所表现的具体内容和空间环境而定。留白少,空白小,版面拥挤、紧张且热闹,传达信息量大;留白多,空白大,版面温和、冷静,彰显高品质与高格调。

任何形体都占有一定的实体空间,在形体之外或形体背后的细弱或朦胧的图形、文字和色彩就是虚的空间。实与虚没有绝对分界,每一个形体在占据一定的实体空间后,都需要依靠一定的虚空间来获得视觉上的动态与扩张感。

5.比例

比例是形的整体与局部、局部与局部，以及局部本身在长、短、宽、窄及面积上的比率。产品包装设计中的比例是一种用几何语言和数比词汇表现画面关系的抽象艺术形式。成功的排版设计，取决于良好的比例，如等差数列关系、等比数列关系和黄金比等。其中，黄金比能求得最大限度的和谐，使版面被分割的不同局部产生相互联系。在日常生活中，比例被广泛运用，比例的美在画面中产生或巨大、或渺小、或宽广、或狭窄的境界。但追求视觉上的特殊效果，刻意打破常规比例关系，以失调、怪诞的造型作为表现手法的作品，也越来越多地出现在艺术设计领域。与黄金比相比，形状更趋向于细长的矩形，给人以端庄的印象；形状更趋向于正方形的矩形，则给人强有力的印象。

形式美的各条法则在设计实践中都不是孤立存在的，它们之间相互联系，应用时应融会贯通。产品包装设计是将外观的形象视觉元素通过艺术表现手法，按照形式美法则进行创造性实体设计，以表现其标志性与恒定性、寓意性与意味性、叙事性与含蓄性等性质，构成视觉造型创意，传递艺术信息，陶冶人们的情操，使消费者产生购买欲望的创造性活动。但产品包装不是单纯的设计艺术作品，消费者通常出于生活需要产生购买行为，因此包装设计人员应以商品为中心，把握设计诸要素的内在联想，深化定位设计，完善包装形态，使设计为产品服务。

3.4.3　旅游商品包装设计编排基本原理

在旅游商品包装设计中，因为预先规定所要表达的内容较多，诸如品牌名、商标、实物形象、色块分割、装饰图案等，因此设计的各部分要向一个目标靠拢，这样才能清晰地表达一个含义。设计的各部分及其相互关系要有足够的表现力，使设计成为一个具有基本表现趋势的和谐整体。所以在构图、编排处理中更要注意统筹安排，既要突出主题、主次分明，又要层次丰富、条理清楚，并要结合构图的基本法则，注意平衡、对比、调和、统一的处理。

1.平衡

平衡就是为了设计作品的外观效果具有"整体感"而将各种设计元素或组成部分汇聚到一处。视觉平衡可以通过对称或不对称的方法创造出来。

2.对比

如果各元素通过安排布置强调了彼此之间的差异，那么对比效果就被创造了出来。对比可以是笔画宽度、尺寸大小、比例关系、色相、明度或空间间隔所产生的正负动态效果。

3. 张力

张力就是对立元素间的平衡状态的表现。由于赋予单个元素更多的强调效果,所以运用了张力原理的布局设计,能够激发观看者的兴趣。

4. 明度(色值)

明度也称色值,通过色彩的明暗程度被创造出来。运用明度原理,通过明暗对比的方法能有效地吸引观看者的注意力。

5. 正负关系

正负是指一幅构图中各种设计元素相对立的关系。物体或元素构成前景(即"正面"),围绕该元素的空白处或环境就是背景(即"负面")。

6. 轻重感

轻重感是指由于要素形象在色彩、肌理上的不同产生的或重或轻、或前进或后退(远近)的心理感觉。这种轻重感的比较大致是:人比动物重,动物比植物重,动的比静的重。浅底色时,深色的比浅色的重;深底色时,浅色的比深色的重。颜色鲜艳的比灰暗的重,近的物体比远的物体重,中心的比四周的重。

7. 布置

布置就是在一个视觉格局内各元素的相对位置。布置会创造出一个焦点,而焦点则会引导眼睛的观察方向。

8. 排列

排列就是按照逻辑分类的方法对各种视觉元素的安排,以便顺应人类的感知模式,从视觉效果上支持信息的自然流动。

3.4.4　包装设计常用编排类型

版式编排的方式与变化是极具多样性的,根据有关资料与实践经验本书归纳出如下常用的编排类型。

1. 重复式编排

重复式编排是指使用相同或相似的视觉要素或关系元素进行编排的一种构成方法,与图案设计中的连续纹样极为相似。重复的编排方式产生单纯的统一感,效果平稳、庄重,可以给人留下深刻的视觉印象。在重复的基础上,稍做变化,可以产生多种效果,增加丰富感。例如,改变极少数的基本视觉元素或关系元素;又如,基本形按上下、左右与斜线方向逐渐由大变小,给人以空间移动的深远之感。

2. 对称式编排

对称式编排是指视觉要素在版面中以对称或均衡的形式进行编排,可分为上下对称、左右对称等形式。该编排方式视觉效果一目了然,给人以稳重、平静的感觉。设计中应利用排列、距离、外形等因素,形成微妙的变化。

3. 中心式编排

中心式编排是指将视觉要素集中于中心位置,四周留有空白的一种构成方法。主题内容醒目、高雅、简洁。所谓中心,可以是几何中心、视觉中心,也可以是构成比例需要的相对中心。除讲究中心面积与展示面的比例关系之外,还需注意中心内容的外形变化。

4. 倾斜式编排

倾斜式编排是使部分元素倾斜排列的一种构成方法,由此形成动感,适合用于运动产品和青少年时尚型产品等。

5. 线框式编排

线框式编排是指利用线框作为构成骨架,使视觉要素编排有序的一种构成方法,具有典雅、清晰的风格。在具体编排时,要注意进行多种变化,防止过于刻板、呆滞。

6. 分割式编排

分割式编排是指先把整个版面划分成几个部分,然后分别安排视觉要素的一种构成方法。几何分割的构成关系,可以形成规整的画面形式,严谨均齐。分割的方法有多种,如垂直对等分割、水平对等分割、十字均衡分割、垂直偏移分割、十字非均衡分割、斜形分割、曲线分割等。运用分割式编排方法时,需利用局部的视觉语言细节变化,形成生动感与丰富感。

7. 散点式编排

散点式编排是指视觉要素分散排列的一种构成方法,形式自由、轻松,可形成丰富的视觉效果。采用该编排方式时需讲究点、线、面的配合,通过相对的视觉中心产生整体感。

8. 边角式编排

边角式编排是指将基本图形、文字与色块放在包装边角处的一种构成方法,有明显的疏密对比关系,视觉效果的冲击力很强,极富现代感,有利于吸引消费者的注意力。处理时要敢于留出大片空白,要适度处理空白部分与密集部分的关系。

课后练习

一、判断题

1. 从主观角度，以客观事物为基础，进行关联性设计，这种地域文化转译的可能性具体表现在以下几个方面：图形、文字、色彩、造型与材料，它们是地域文化具有"标志性"的视觉符号。　　　　　　　　　　　　　　　（　　）

2. 平衡就是为了设计作品的外观效果具有"整体感"而将各种设计元素或组成部分汇聚到一处。视觉平衡可以通过对称或不对称的方法创造出来。　　　　　（　　）

二、分析题

1. 旅游商品包装设计上的文字有哪些使用规范？

2. 旅游商品包装设计中的色彩运用有哪些注意事项？

三、项目实践

1. 在旅游商品包装中找出一款你认为不合理的品牌文字，并进行改良设计，练习字体在包装中的应用。

2. 利用旅游商品包装设计构图原则对某一款包装进行改良设计。

第 **4** 章

包装的材料与结构设计

4.1 包装材料

包装材料是设计旅游商品包装时需要考虑的基础条件,包装材料的性能是由其本身所具有的特性和各种加工技术所赋予的。选用包装材料时,需根据内装物的性能、物流环境、消费者爱好以及包装材料本身的性能、供求状况、生产工艺技术条件、成本费用和环保要求等因素进行综合考虑。

4.1.1 纸包装材料

纸是一种古老而传统的包装材料,纸和纸包装容器在现代包装工业体系中占有非常重要的地位。纸具有加工性能好、印刷性能优良、便于复合加工、原料丰富、品种多样、成本低廉、可回收利用等一系列独特的优点。据统计,目前部分发达国家纸类包装材料占包装材料总量的 40%～50%,我国占 40% 左右,纸是目前包装行业应用最广泛的材料。从发展趋势来看,纸类包装材料的用量会越来越大。纸包装材料大体上可分为纸、纸板、瓦楞纸板、蜂窝纸板等。纸张的常见品种主要有以下几种。

1.白板纸

白板纸(印刷类)是一种正面呈白色且光滑,背面多为灰底的纸板,这种纸板主要用于单面彩色印刷后制成纸盒供包装使用,抑或用于手工制品等。白板纸的常规克重有:230、250、270、300、350、400、450、500 克/平方米等。

2.铜版纸

铜版纸又称印刷涂布纸,是在原纸上涂布一层由碳酸钙或白陶土等与黏合剂配成的白色涂料,烘干后压光制成的一种高级印刷用纸。由于其细腻洁白,平滑度和光泽度高,又具有适度的吸油性,适合用于铜版印刷或胶印,可印制彩色或单色的画报、图片、挂历、地图和书刊等,也是良好的包装印刷用纸。它分单面涂布和双面涂布两种,两种中又分特号、1号、2号、3号四种,定量为80～250克/平方米。其缺点是遇潮后粉质容易脱落,不利于长期保存。

3.胶版纸

胶版纸也称胶版印刷纸,旧称"道林纸",是一种较高级的印刷纸张。胶版纸伸缩性小,对油墨的吸收性均匀、平滑度好,质地紧密不透明,白度好,抗水性能强。因无高光的刺激,即使长久地阅读,眼睛也不会感到疲劳,但色彩的还原能力不是很强,纯度有所降低。

胶版纸定量为40～120克/平方米,其中70、80、100、120克/平方米较为常用。纸质中含少量棉花和木纤维,其光滑度、紧密度、洁白度均低于铜版纸,用于彩印时,会使印刷品暗淡失色。胶版纸适用于样本的内页、信纸、信封、产品使用说明书和标签等单色凸印与胶印,还可用于印刷简单的图形、文字后与草纸板裱糊制盒,也可用机器压出密瓦楞,置于小盒内作衬垫。

4.草纸板

草纸板又名黄纸板或马粪纸,是一种黄色的包装用纸板。它主要用于商品的包装,制作纸盒和书籍账册的封面衬里。草纸板定量为200～860克/平方米,常用的是8号(420克/平方米)、10号(530克/平方米)、12号(640克/平方米)。草纸板要求质量紧密结实,纸面平整,有一定的机械强度和韧性。

5.特殊纸张

特殊纸张主要包括:①过滤纸,主要用于袋泡茶的小包装;②油封纸,可用在包装的内层,对易受潮变质的商品具有一定的防潮、防锈作用;③浸蜡纸,特点为半透明、不粘黏、不易受潮,可作为香皂类的内包装衬纸。

6.牛皮纸

牛皮纸是一种坚韧耐水的包装用纸,因其纸面呈黄褐色,质地坚韧、强度极大,近似牛皮而得名。其用途很广,除用于普通包装外,还可加工制作信封、纸袋或砂纸等。牛皮纸定量为40～120克/平方米,有单光、双光、条纹等多品种。对其主要的质量要求是柔韧结实、耐破度高、耐水性好,能承受较大拉力和压力而不破裂。近年来,"三只松鼠"在电商平台食品界异军突起,成为一颗耀眼的"亮星",很大程度上与其精致、人性化的包装是分不开的。那么,他们采用的包装材质是什么呢?为什么采用此种包装呢?如图4-1所示,三只松鼠的外包装是牛皮纸材质,由"牛皮纸＋PET＋PE"构成。这样优质的材质组合使得包装袋的性能十分稳定,具有抗撕、防破裂、防霉、防潮、防油、保鲜等优点。牛皮纸包装具有无毒、无污染、可多次回收再使用的特点,符合现代人的环保理念。而且其使用的牛皮纸是一种可生物降解的食品包装材料,降解后不会对环境造成伤害,因此广受消费者的青睐。伴随着环保理念的提升,牛皮纸包装袋的销售市场是不可小觑的,这也是"三只松鼠"选择牛皮纸作为主要包装材质的原因之一。

图 4-1 "三只松鼠"的包装袋

7.艺术纸

艺术纸也称花式纸、特种纸,主要是为了区别于普通印刷用纸(如铜版纸、胶版纸、新闻纸、包装用纸等)。这类纸张通常需要特殊的纸张加工设备和工艺,加工而成的成品纸张具有丰富的色彩和独特的纹路。

艺术纸具有一定的强度,质轻,有表面凹凸、纹理、平滑、光泽等不同类型,其颜色多样、外表美观。因该类纸的类型繁多,设计者必须了解和掌握不同艺术纸的特点和性能,才能更好地利用其优势,设计出不同风格的作品。

8.再生纸

再生纸是一种以废纸为原料,经过分选、净化、打浆、抄造等十几道工序生产出来的纸张,它并不影响办公、学习的正常使用,并且有利于保护视力健康。在全世界日益提倡环保思想的今天,使用再生纸是一项深得人心的举措。

9.铝箔纸

铝箔纸由铝箔衬纸与铝箔黏合而成,一面洁白,另一面具有金属光泽。铝箔纸具有良好的防水、防潮、防毒、防尘和不透气性能,以及防止紫外线、耐高温、保护商品原味和阻气效果好等优点,可延长商品的保质期。铝箔纸多用于高档产品包装,如高级香烟、糖果的防潮包装,还可制成复合材料,被广泛应用于新包装。

10.瓦楞纸

瓦楞纸是将纸张通过瓦楞机辗压而获得压有凹凸瓦楞形的纸。瓦楞纸轻巧坚固,载重耐压、防震、防潮,用途十分广泛,可以用作运输包装和内包装。根据瓦楞凹凸深度的不同,一般凹凸深度为3毫米的称为细瓦楞纸,常直接用于玻璃器皿的防震挡隔纸;凹凸深度为5毫米左右的称为粗瓦楞纸。将瓦楞芯纸两面裱上面纸（黄纸板或牛皮纸），便成为瓦楞纸板。由一层瓦楞芯纸和两层面纸黏合而成的，称为双面单瓦楞纸板；由两层瓦楞芯纸中夹一层里纸，外面两层面纸黏合而成的，称为双面双瓦楞纸板，如图4-2所示。

（a）双面单瓦楞纸板　　　　　　　　（b）双面双瓦楞纸板

图4-2　瓦楞纸板结构

11.珠光纸

珠光纸由底层纤维、填料和表面涂层三部分组成，表面十分光滑，厚度较厚，反光较强，有珍珠光泽。珠光纸常见用途：广泛应用于高档画册、书刊、精美包装、包装盒、贺卡、吊牌等。珠光纸常见克重：120、250、280克/平方米等较为常用。珠光纸优点：比重轻、防水、韧性好、不易撕破、耐腐蚀、耐折叠、耐晒、不变色，且有独特纹路，立体感强，印刷亮丽。

4.1.2　塑料包装材料

塑料是一种以合成树脂为基本成分，加入增塑剂、稳定剂、填料、染料等添加剂，并经人工合成的高分子材料。塑料根据组分的性质可分为单组分塑料和多组分塑料，用于工业生产的有300多种。用作包装材料的主要有聚氯乙烯塑料、聚乙烯塑料、聚丙烯塑料、聚酰胺塑料等。塑料作为包装材料具有良好的防水防潮性、耐油性、透明性、绝缘性，而且成本低、易生产，可塑造多种形状和适应印刷，使用率仅次于纸类，是一种被广泛用作包装的材料。其缺点是不耐高温与低温，易聚集静电，透气性差以及对环境造成污染。按照用于包装的形式分类，塑料包装材料可以分为塑料薄膜和塑料包装容器两大类。

1.塑料薄膜

由聚氯乙烯、聚乙烯、聚丙烯、聚苯乙烯以及其他树脂制成的塑料薄膜，常用于包装，以及用作覆膜层。塑料包装及塑料包装产品在市场上所占的份额越来越大，特别是复合塑料软包装，已经广泛地应用于食品、医药、化工等领域，其中又以食品包装所占比例最大。比如饮料包装、速冻食品包装、蒸煮食品包装、快餐食品包装等，这些产品都给人们的生活带来了极大的便利。

2.塑料包装容器

塑料包装容器是以塑料为基材制造出的包装容器，其优点是成本低、质量轻、可着色、易生产、耐化学性、可塑造多种形状，其缺点是不耐高温。塑料包装容器的成型方法主要有下列几种。

（1）挤塑。挤塑即挤出成型。主要用于生产管材、片材、柱形材等特定型材。

（2）注塑。注塑即注塑成型。这种工艺需先制造出模具，然后进行大批量生产，目前被广泛应用于塑料杯、塑料盒、塑料瓶、塑料罐等容器的制造。

（3）吹塑。吹塑是制造中空瓶型容器的主要方法，如化妆品、饮料瓶、调料瓶等大多采用这种工艺。

4.1.3　玻璃包装材料

玻璃以石英砂、纯碱、长石及石灰石等为主要原料，有时也加入少量澄清剂、着色剂或乳浊剂，经混合、熔融、澄清和匀化后，加工成型，再经退火处理而成。玻璃具有高度的透明性、不渗透性及耐腐蚀性，耐酸、无毒、无味，与大多数化学品接触都不会发生性质的变化。玻璃制造工艺简便，可制成各种形状和颜色的透明、半透明和不透明的容器，并具有易清理、可反复使用等特点。玻璃作为包装材料主要用于膏体、液体（如食用油、酒类、饮料、调味品、果酱类、医药类以及化工类产品）等的包装。缺点是密度大，运输存储成本较高，不耐冲击，易破碎等。作为一款面向大众消费的酒品，"毛铺"苦荞酒在包装设计上，注重源于传统又不拘于传统，追求传统与现代的兼容并蓄，如图4-3所示。易握的弧形收腰设计，采用切面形式进行表现，使瓶身造型更具现代感。除却为了美感度而进行的细节推敲，瓶身设计也满足了产品大规模自动化生产的需要，以及产品在货架上连贯而整体的陈列效果。

图 4-3 "毛铺"苦荞酒

4.1.4　金属包装材料

金属具有牢固、抗压、不碎、不透气、防潮及延展性好等特征。随着金属加工和印铁技术的发展，金属包装的外观也越来越漂亮，为商品包装提供了良好的条件。常见的用于包装材料的金属材料有以下几种。

1. 镀锡薄钢板

镀锡薄钢板俗称马口铁，是表面镀有锡层的薄钢板。表面上的锡层能够经久地保持非常美观的金属光泽，锡有保护钢基免受腐蚀的作用，即使有微量的锡溶解而混入食品内，也几乎不会对人体产生毒害作用。马口铁主要用于制造高档罐容器，如各种饮料罐、食品罐等。

2. 铝合金

铝合金是以铝为基体而加入其他元素构成的新型合金。铝合金有许多型号，可制成铝箔、饮料罐、薄板、铝板及型材，还可制成各种包装物，如牙膏皮、饮料罐、食品罐、航空集装箱等。铝合金包装材料的主要特点是隔绝水、气及一般腐蚀性物质的能力较强，强度、质量比较大，因而包装材料轻，无效包装较少，无毒，外观性能好，易装饰美化。

4.1.5 复合包装材料

复合包装材料是指通过一定的方法和技术手段，将两种或两种以上的材料通过一定的复合加工工艺制作而成，使其具有多种材料的特性，以弥补单一材料的不足，形成具有综合性质的更完美的包装材料。它们大量地被用于现代包装之中，如食品包装、茶叶包装、化妆品包装等。复合材料一般有纸与塑料的复合、纸与金属箔的复合等。与传统材料相比，复合材料具有节省资源、降低生产成本、减轻包装重量等优势。复合材料所带来的优良属性是单独的某种材料无法比拟的。

复合材料领域一种新的趋势就是发展多种复合技术，它兼具不同材料的优良性能，如金属内涂层、玻璃瓶外涂膜、纸上涂蜡，塑料薄膜与铝箔纸、玻璃纸以及其他具有特殊性能的材料复合，以改进包装材料的透气性、透湿性、耐油性、耐水性，使其具有更好的防虫、防尘、防微生物的作用，对光、香、臭等气味有良好的隔绝性，有良好的耐冲击性，具有更好的机械强度和加工适用性能，具有良好的印刷及装饰效果。

1. 代替纸的包装材料

这是一种可以用来替代纸和纸板的材料。它可通过热加工成型工艺压制出各种形状的容器，可进行印刷和折叠。它比纸和纸板更结实、耐用，有较好的防潮性，可以热压封合，尺寸稳定，且易于印刷精美的装饰图案。

2. 防腐复合包装材料

它可解决某些金属制品的防腐问题。它的外表是一种包装用的牛皮纸，其中一层是涂蜡的牛皮纸，还有两层含蜡或沥青，并加进防腐剂，在金属表面沉积形成一层看不见的薄膜，从而有效保护内容物，防止其被腐蚀。

3.耐油复合包装材料

这种材料由双层复合膜组成,外层是具有特殊结构和性质的高密度聚乙烯薄膜,里层是半透明的塑料,具有薄而坚固的特点,无毒,无味,可直接接触食品。用双层叠加膜包装肉类,可以保持肉类原有的色、香、味,而且它不渗透油脂,不会黏着,所以应用很广。

4.防蛀复合包装材料

这是一种将防蛀虫的胶黏剂用于包装食品的复合包装材料。它可使被包装的食品长期保存不生蛀虫。但这种胶黏剂有毒,不可直接用于食品包装。

5.特殊复合包装材料

这是一种特殊的食品包装材料,可使食品的保存期增加数倍。该材料无毒,由明胶、马铃薯淀粉及食用盐等材料复合而成,可用于贮存蔬菜、水果、干酪和鸡蛋等。

6.易降解的复合包装材料

这是在新形势下开发出来的一种环保复合材料,它可以生物降解,不造成污染,是利用木材或其他植物材料等混合而制成的生物材料。例如,用土豆泥制作的盒装产品的内层包装,质地轻脆,是一种完全生物降解的材料。此类材料安全、环保地替代了其他包装材料,是今后材料发展的趋势。

4.1.6 其他类包装材料

1.天然包装材料

天然包装材料是指天然植物的叶、茎、秆、皮、纤维和动物的皮、毛等,可直接使用或经过简单加工成板、片后,用作包装材料。

（1）竹类

常用于包装材料的有毛竹、水竹、苦竹、慈竹、麻竹等。竹子质地坚硬、耐冲击、耐腐蚀、抗摩擦、密度小,具有良好的物理性能和力学性能,并且易种植,生产速度快,产量高,绿色环保,主要用于编制板材和各种包装容器,如竹筐、竹箱、竹筒等。

（2）木材

木材作为包装材料具有悠久的历史。木材资源丰富,具有抗冲击、震动,易加工,价格经济等优点,但木材易受环境和温湿度的影响而导致变形、开裂,易腐朽、易燃、易受虫害。不过这些缺点通过适当的处理可以消除或减轻。木材常用于易碎及易受碰撞损坏的商品的运输包装。

（3）藤材类

藤材类包装材料主要有柳条、桑条、槐条、荆条等野生植物藤类。藤材类材料的弹力较大,韧性好,拉力强,耐冲击,耐摩擦,耐气候变化,可用于编织各种筐、篓等包装,给人以自然清新之感。

（4）草类

草类包装材料主要包括水草、蒲草、稻草等，常用于编织席、包、草袋等。草类质量轻且柔软，常充当缓冲包装材料，且价格低廉，是较常见的一次性包装材料。

2.纤维织品包装材料

纤维织品柔软、易于印染，并可反复利用、可再生。但其成本较高，坚固度低，一般适用于产品的内包装，主要起填充、装饰、防震等作用。市面上的纤维织品包装材料又可分为天然纤维、人造纤维和合成纤维几类。

➢ **延伸阅读**

基于食品创新应用的新型抑菌降解纸包装材料例析

1.涂布乳胶制备的降解性食品纸包装材料

在食品领域的纸包装方面，为了使产品包装能够达到某一功能，多数厂商会采用高分子复合材料来达到目的，通常是改变阻隔性包装材料的种类来满足不同的使用要求。因此阻隔性食品塑料包装材料是食品包装中常用的材料，其中包含不同类型的材料，每种类型材料自身性质也不同。这些阻隔材料大多是淋膜纸，其具有一定的防油和防水作用，方便热封，但也存在缺点，即难降解，对环境产生极大的危害，并且由于是覆在纸上的，同时也造成了纸张的难回收。就目前食品包装上广泛应用的纸包装材料来看，很多包装材料是无法同时做到隔绝气体、保持香味、防水防潮、防油脂渗透等功能的。2017年，青岛某公司在保证淋膜纸的基础功能上使用涂布乳胶制备了一种可降解的淋膜纸阻隔材料。该涂布乳胶主要由苯乙烯-丙烯酸聚合物、分散剂、消泡剂、煅烧高岭土和去离子水组成，这种新型材料最大的优点是可降解，属于环保材料，是一种可以直接接触食品的复合包装材料，同时可以防油防水，但具有较高的水蒸气透过性。由于能够降解，所以它可以减少一道将阻隔性材料和纸张分离处理的工序，对工厂来说，可以节省部分成本。

2.环保抑菌纸质食品包装材料

在纸质食品包装越来越得到食品行业和包装行业共识的市场形势下，适用于食品行业的纸包装材料品种逐渐增多。诚然，用在食品领域的包装除了具备包装必备的保护产品、方便运输、促进销售等功能外，还应具备一些基本的防腐防潮能力，属于抗菌包装材料。抗菌包装材料在食品保鲜方面的应用，能有效地控制微生物的生长繁殖，减缓食品的腐烂变质程度，达到保护食品品质、延长食品货架期的目的。2018年，安徽一家包装材料公司以玉米秸秆粉、薯类藤粉、复合淀粉为主要原料，搭配其他原料，研究出一种新型可抑菌的适用于食品包装的纸质包装材料。这种新型纸质包装材料据测验后发现其具有优异的力学性能和抗菌性,良好的抗撕裂性和阻燃性。通过处理氧化石墨烯使其中的卡波姆分子链分散在体系中,大大提升了膜的力学性能。这种材料耐高温,阻隔性好,能阻止水分和氧气的进入,从而起到良好的防水防腐蚀作用。同时,由于这种材料采用薯类藤粉、淀粉等易降解、易获取材料,在环保的同时还具备成本低廉的优点,极可能在市场上占据一席之地。另外,提倡生态、对人体健康无害、可以重复利用的食品包装,也可以进一步促进绿色食品包装行业的可持续发展。

3. 含林蛙皮微粉的食品纸包装材料

林蛙具有悠久的药用历史,而关于林蛙皮的用处却鲜为人知。林蛙皮中的胶原蛋白具有一定的还原能力,对羟自由基具有一定的清除能力,并且随着浓度的增加,其抗氧化活性逐渐增强。湖北大冶市某粮油食品公司中的一位员工将林蛙皮微粉加入纸张中,发现得到的产品是一种具备多种优良性能的新型纸包装材料,很适合应用在食品包装方面。目前,纸包装材料已经得到普遍应用,但由于纸材料天生存在的吸潮、强度弱等问题,影响了很多食品包装的质量,为了弥补纸张的天然缺陷,可以通过施胶、浸渍、涂布、改性纤维等方法来实现,但多少会产生一些污染。而通过向纸质材料中加入林蛙皮微粉这一方法可谓是真正获得了一种高强度、抑菌、易降解的新型食品包装纸材料。根据目前的研究,林蛙皮微粉中含有的大量胶原蛋白具有很好的抗氧化性,起到较好的抑菌效果,这就为增强纸材料的防腐性提供了基础。同时,林蛙皮微粉中的胶原纤维与纸张植物纤维中的纤维素大分子以多种形式结合,大大提高了键能,使得新型纸包装材料的机械物理强度增大。除此之外,经过测试发现含有林蛙皮微粉的纸质材料对水的吸收能力大大降低,因此其防水性能也得到极大改善。这种新型纸包装材料与市面上使用的纸塑复合的材料相比要环保许多,因为林蛙皮自身具有易降解的天然性能。这种新型纸包装材料的各种特性代表着它在食品包装应用方面具有广阔的前景。

4. 抗菌水解纸基包装材料

关于抗菌包装,按包装中抗菌活性功能物质的种类可大致分为无机类活性抗菌包装、有机类活性抗菌包装以及天然生物类活性抗菌包装三大类。目前用在食品上的包装材料一般都要求具备一定的防腐性和抗菌性,市面上使用的多为纸塑复合包装材料,以纸为基本材料,以薄膜材料为附加材料,以达到防腐防水的目的,因其强度高、防水性好、外观漂亮等优点而占据很大市场。但这种材料最大的缺点就是容易产生污染,难降解,对环境危害极大,而且其抑菌防霉的效果也不佳。安徽省一家包装公司的员工经过尝试制备出了一种以洋葱为主要成分的抗菌水解膜,将其应用在纸材料上,能起到很好的抑菌防霉效果,也比较容易分解。这种抗菌水解膜由洋葱、盐、水、聚乙烯醇制成,将其按照一定比例配备之后可涂在原纸表面,多涂布于包装内层。为测试其抑菌防霉的效果,在其他条件一定的情况下,改变其涂布温度和涂布速度等,发现其具有较好的防霉效果,同时水解性较好。

5.新型食品用果蔬纸材料

近些年,果蔬纸和可食性包装纸的开发研制及其相关研究一直是国内外食品研究的热点。果蔬纸因其形状、性质与纸片相似而得名,是一种由新鲜果蔬经深加工而成的休闲食品,顾名思义,也能用来做食品包装材料。果蔬纸除了满足包装材料的保护商品、便于运输、促进销售的三大基本特性外,还具有可食用、节约资源、环保等特性。果蔬纸作为一种新型可食性包装材料,除了营养品质和食用品质是其评价标准外,它的抗菌性能和贮藏性能也是评价其优劣的重要方面。果蔬纸具备一定的抑菌效果,但效果一般,有时候需要添加抗菌物质来增强抗菌性。虽然其抗菌性的强弱取决于所添加的抗菌物质的种类,但一定要注意,要科学地添加抗菌物质,以免影响食品的安全性。在贮藏性能方面,果蔬纸要稍微差一些。虽然在常温下果蔬纸可以保持稳定,但实际应用时还需要添加一些抗氧化能力强的物质来延长它的贮藏时间。果蔬纸虽然纸质性能欠佳,耐折、耐湿等问题有待解决,但作为可食用绿色环保包装材料,它依旧是食品包装和绿色包装发展的方向与热点,尤其是在如今提倡食品营养健康和环保包装的形势下,其发展前景非常广阔。

资料来源:魏凤军,刘梦蕊.基于食品创新应用的新型抑菌降解纸包装材料概览[J].今日印刷,2019(9):56-58.

4.2　包装结构设计

将基本的材料,通过合理的设计,进行符合目的的加工,在保护内容物方面下功夫,更进一步考虑到便利性、经济性和展示性等设计要求,使结构发挥其效用,这就是包装结构设计的意义所在。

4.2.1　包装结构的设计要求

1.包装结构与保护性

包装最重要的功能就是保护性。如果盛装的商品被损坏,那么包装就全无意义了。因此,从包装结构方面来说,它虽不要求像计算建筑结构那样复杂,但也必须考虑其在载重量、抗压力、抗振动、抗跌落的性能等多方面的力学情况,考虑是否符合保护商品的科学性,即用何种结构、配合何种材料能使所包装的商品安全地到达消费者手中。

2.包装结构与便利性

在设计包装时,设计师必须要考虑到消费者的实际需要。

(1)在使用商品时,要便于消费者开启。例如,饮料罐一般都采用易开装置,并已成为这种包装的标准化开罐方式。又如,小食品袋的封口边上有一个或一排撕裂口,该撕裂口虽然在精美的包装袋上非常不起眼,却为消费者开启包装袋提供了极大的便利。

(2)要便于消费者将商品从购买的地方携带回家。这时就要有手提搬运的形态和构造。例如,较大的包装,像饮料、酒、点心盒、电热水瓶等都会在纸盒结构设计上采用手提的形式。

3.包装结构与展示性

(1)展开式。展开式是包装结构的另一种处理方法,就是在纸盒的摇盖上根据图像的特点压上切线,压切线的两端,连接横于盒面中的折叠线。当盒面关闭时,盒面是平的,便于装箱储运;打开盒盖,从折叠线处折转,并把盒子的舌口插入盒子内侧,盒面图案便显示出来,与盒内商品互相衬托,具有良好的展示和装饰效果。

(2)开窗式。由于百货公司和超级市场的不断发展,包装的任务已不仅是盛放、保护商品,还必须有优良的展示效果,以适应市场竞争的要求。包装盒的结构设计要能使消费者知道里面装的是什么,其常用的表现方法是把纸盒的一部分开窗,让消费者能直接看到里面的实物,这种做法从某种意义上要比印刷图片更吸引消费者。

(3)悬挂式。还有一种被称作悬挂式结构的包装,它有效地利用货架的空间以陈列、展销商品。如小五金、文具用品、洗涤用品、小食品等,通常以吊钩、吊带等结构形式出现。

4.包装结构与协调性

商品常常是以组合形式展现给消费者的,如咖啡具、颜料、啤酒、套装的礼品等。这时,对于设计者来说,就必须顾及包装的协调性。因此,如何使相同尺寸的商品有序地排列,又使不同尺寸的商品合理地组合,对设计者来说是一个需要认真考虑的问题。

4.2.2 常见的包装结构

商品的包装结构多种多样,如盒式结构、罐式结构、袋式结构、篮式结构、碗式结构、盘式结构、套式结构等。这些结构的形成,一方面基于商品对包装的需要,包括保护性需要、销售性需要和展示性需要等;另一方面,也基于包装材料的特性,包括其优越性和可塑性等。下面介绍几种常见的包装结构样式。

1.盒(箱)式结构

盒(箱)式结构多用于包装固体状态的商品,该结构形式既利于保护商品,也利于叠放和运输,是一种常见的包装结构。它多以纸材料制成。除纸复合材料外,它还可用塑料、竹、木、金属等材料制成。其中,塑料盒可压制成型,木盒以板材构成,竹质包装盒则可以竹片构成或以竹丝编织而成。

2.罐(桶)式结构

罐(桶)式结构多用于包装液体、固体及液固混装的商品。它可以密封,利于保鲜,是常用的食品包装结构。它多以金属材料,包括铁、铝、合金等制成。配以喷口结构,可制成喷雾罐,被广泛用于工业、农业、医药、卫生等日常生活及艺术、装潢等各个领域。而铁桶则是一种广泛应用于石油、化工、轻工、食品等领域的商品包装形式。

3.瓶式结构

瓶式结构多用于包装液体商品,以金属或塑料材质作为瓶盖,具有良好的密封性能。它多以玻璃、陶瓷、塑料制成,具有多种多样的造型,常见的如酒瓶、饮料瓶、药瓶等。

4.篮式结构

篮式结构多用于包装综合性礼品。将一组礼品装在一个精心设计的篮子里,外面再用透明的塑料薄膜或软纸进行包扎,形成一个丰富多彩的花篮或水果篮,可作礼品之用。

5.套式结构

套式结构多用于包装简状、条状、片状商品,常以布、纸或塑料制成,如伞套、领带套、光盘套、唱片套等。

6.袋式结构

袋式结构多用于包装固体商品。容积较大的有布袋、麻袋、编织袋等;容积较小的有手提塑料袋,以及包装食品用的铝箔袋、纸袋等。其优点是便于制作、运输和携带。

7.碗式、盘式和杯式结构

碗式、盘式和杯式结构多用于包装食品。以塑料或硬纸制成容器,上面以纸、塑料或塑料薄膜作盖,内装食品。其中,碗式包装多用于盛放主食,如米饭、面条等;盘式包装多用于盛放副食、菜肴等;杯式包装多用于盛放作料或冷冻食品,如果酱、冰淇淋等。

8.泡罩式结构

将商品置于纸板或塑料板、铝箔制成的底板上,再覆以与底板相契合的吸塑透明罩,这样既能透过塑料罩看到商品,又能在底板上印制文字与图案。泡罩式结构多适用于配套商品的集合包装,如五金工具、零配件等,也常用于包装药片、玩具、生活用品等。

9.管式结构

管式结构多用于包装糊状商品,以金属软管或塑料软管制成,以便于使用时挤压,多带有管肩和管嘴,并以金属盖或塑料盖封闭。

4.2.3　纸盒包装的结构设计

在日常生活中,纸盒结构的包装形式出现得最多。因为纸材轻便,利于环保,易于加工,并可与其他材料复合使用,因此广泛运用于烟酒、食品、化妆品、服装、医药品、电器产品、工艺品包装等领域。

1.包装纸盒结构的构成手段

纸盒造型结构在与不同面相互结合建构立体形态时,常采用折、插、穿、粘、钻、套六种手段作为创造基础。

（1）折

折叠是纸盒造型结构设计中最基本的立体组型技巧,在结构设计时运用易折叠的设计技巧围拢盒体。简洁易折的盒形设计便于工业化生产,也有一些特殊的几何形多面体盒形结构需要手工折叠,使其形成连接的盒体。

（2）插

插是纸盒造型结构的底部或封口部位密切结合的设计技巧,设计精确的割缝和插口面相互插入,具有抗压、抗拉的物理性能,可加固盒体各面之间的组立。

（3）穿

穿与插往往相互作用在盒底和封口部位,利用纸张本身的弹力穿插加固盒体的硬度。穿、插技巧可使纸盒造型直立挺拔,并免于胶合。

（4）粘

在纸盒造型结构组立过程中,采用粘合技巧可使盒形更加强固挺立。

（5）钻

在盒底和封口部位利用划痕钻出圆形或其他线性结构,纸张弹性原理会使盒子结合时产生拉力,也可以在盒子某体面钻出不同结构,作为底托,以缓冲内容物造成的压力。

（6）套

套是纸盒造型结构相互套挂、形成组立的技巧。

在纸盒造型结构设计中,折、插、穿、粘、钻、套的手段常常混合并用,通过几何性质的单纯型、复合型、特殊型等变化,或通过面形横向、垂直状延续、边向的三度方向发展,可以发展出千变万化的结构样式。

2.包装纸盒的分类

（1）套筒式纸盒

套筒式纸盒结构比较简单,没有盒的顶盖和底盖,单向折叠后成桶状,既能看到内装物,又能看到外面的装饰图形、文字和商标,具有开启方便、便于陈列等特点（见图4-4）。该类型纸盒多用于糖果类等包装。

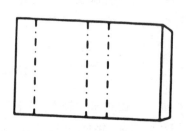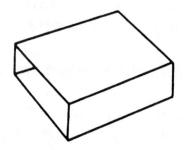

图 4-4　套筒式纸盒

（2）插入式纸盒

插入式纸盒由于两端的插入方向不同，又可分为直插式和反插式。直插式为盒的顶盖和底盖的插入是在盒面的同一面上，反插式为盒的顶盖和底盖的插入是在盒面、盒底的不同面上（见图 4-5）。该类型纸盒多用于药品、食品类包装。

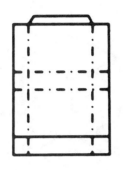
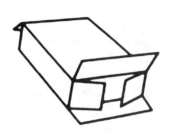

图 4-5　插入式纸盒

（3）黏合式纸盒

黏合式纸盒没有插入结构，直接用黏合剂把上盖与底部黏合在一起，是一种坚固的纸盒（见图 4-6）。该类型纸盒多用于奶粉、方糖等包装。

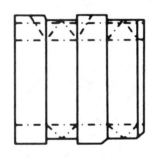
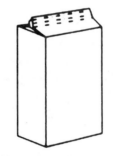

图 4-6　黏合式纸盒

（4）摇盖式纸盒

摇盖式纸盒是结构上最简单、使用得最多的一种包装盒，盒身、盒盖、盒底皆为一板成型，盒盖摇下盖住盒口，两侧有摇翼（见图 4-7）。最为常见的摇盖式纸盒就是国际标准中小型反相合盖纸盒。由于它所使用的纸料面积基本上是长方形或正方形，因此是最合乎经济原则的。

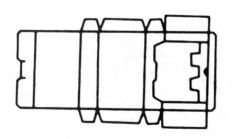

图 4-7　摇盖式纸盒

（5）套盖式纸盒

套盖又称天地盖，即盒盖（天）与盒身（地）分开，互不相连，而以套扣形式封闭内装物（见图4-8）。虽然套盖式纸盒与摇盖式纸盒相比，在加工上要复杂些，但在装置产品及保护效用上，则要理想些。而从外观上看，套盖式纸盒能给人以厚重、高档感，多用于高档商品及礼盒上。

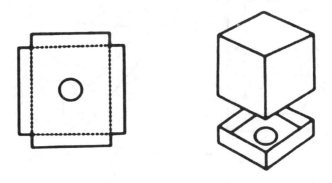

图4-8 套盖式纸盒

（6）锁底式纸盒

锁底式纸盒没有裱糊的工作，最简单、省料（见图4-9）。这种结构的纸盒多用来盛放三明治、汉堡包、面包等商品。

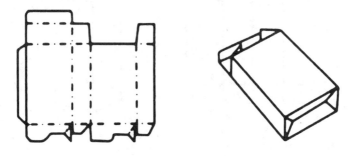

图4-9 锁底式纸盒

（7）姐妹式纸盒

姐妹式纸盒又称连体式纸盒，是在一张纸上设计制作出两个或两个以上相同的纸盒结构，组合连接在一起，构成一个整体，每个纸盒结构又是独立的包装单位（见图4-10）。这种纸盒结构适宜盛装系列套装小商品，如糖果、手帕、袜子、香水等。

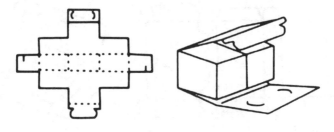

图4-10 姐妹式纸盒

（8）手提式纸盒

手提式纸盒是根据手提袋的启示发展出来的一种包装形势，其目的是使消费者提携方便（见图4-11、图4-12）。这种盒形大多以礼品盒形式出现，或用于包装体积较大的产品。其提携部分可与盒身一板成型，利用盖和侧面的延长相互锁扣而成；可附加塑料、纸材、绳索等作为提手，或利用附加的间壁结构作为提手；也可利用商品本身的提手伸出盒外；等等。

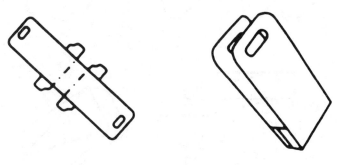

图 4-11　手提式纸盒 1

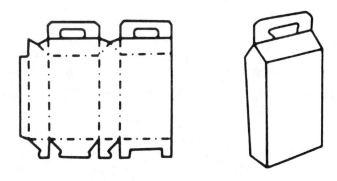

图 4-12　手提式纸盒 2

（9）嵌入式纸盒

嵌入式纸盒属于裱糊盒中的一种，一般用黄纸板内衬（见图4-13）。这种纸盒结构主要用于包装名贵商品，如珠宝、名贵药材、金银首饰、古玩等。

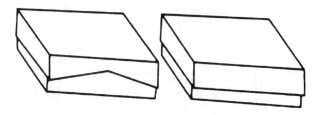

图 4-13　嵌入式纸盒

（10）异型式纸盒

异型式纸盒是由折叠线的变化来引起盒的结果变化，通过弧线、直线的切割和面的交替组合，呈现出来的一种包装造型（见图4-14、图4-15）。其变化幅度较大，造型独特、有趣、美观，富有装饰性。

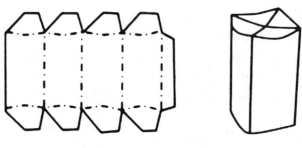

图 4-14　异型式纸盒 1

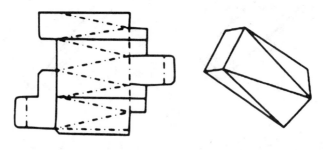

图 4-15　异型式纸盒 2

(11)拉链式纸盒

拉链式纸盒的使用范围非常广泛,可采用在纸盒的一个面上或者周围切开的方法,也可用开封性和再封性双全的结构,可用于盛放餐纸、卫生纸,具有方便、卫生的特点(见图 4-16)。

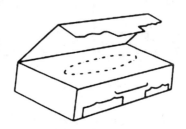

图 4-16　拉链式纸盒

(12)吊挂式纸盒

吊挂式纸盒通常与开窗式相结合来展示商品(见图 4-17、图 4-18)。这类纸盒适合包装重量较轻的商品,如儿童玩具、饰品、装饰品等。

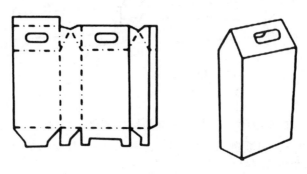

图 4-17　吊挂式纸盒 1

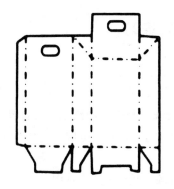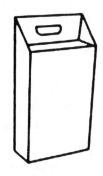

图 4-18　吊挂式纸盒 2

纸盒在很多情况下并不是以单一方式出现的,常常是以两种或三种方式的组合形式出现,如一个盒体既可开窗又可手提,同时还是姐妹盒。结构的确定主要考虑所包装商品的大小、轻重、形状等外观因素,以及纸盒的成型工艺难易程度。

4.2.4　特殊用途包装结构

由于社会的进步、商品经济的发展,包装设计从过去单一的保护功能变得需要更具适应性,消费者提出的要求更多,市场变化呈现多元化。

1.便利性结构

包装在商品被使用过程中需增加一些辅助功能,使商品功能更有效、更便捷地发挥出来。如狗粮包装盒,在盒顶面封口铝管纸上增加一"舌头",既方便开启,又能使包装盒看起来更有趣,和产品相互协调。

2.安全结构

在众多包装形式中,对部分商品包装需要特别强调安全问题。如装有药品、家用清洁剂和杀虫剂等物品的包装,不能被儿童开启,但又要不影响成人正常使用。还有部分洗发液和沐浴液包装若选用玻璃材料,这就增加了危险性,因为通常情况下消费者是在手上有水的状况下使用这些产品的,而且如果容器造型是圆形的,开启就会变得更困难和危险。

3.防窃启结构

为了防范偷窃和破坏行为带来的损害,在包装设计中必须将防窃启的要素考虑进去。通过强化包装手段,制止那些投机取巧的非法窃启者的不法行为。其手段主要有两种:一种是将结构设计复杂化,让窃者几乎无法下手;另一种是开启包装后无法复原,并留下明显的开启痕迹,让消费者一目了然,拒绝购买。

课后练习

一、判断题

1.道林纸正名应为"胶版印刷纸"或"胶版纸",胶版印刷纸是比较高级的书刊印刷纸,对印刷时的比度、伸缩率和表面强度有较高的要求,酸碱性也应接近中性或呈弱碱性。
( )

2.漏口式包装是有活动漏斗作为开启口的结构形式,一般用于粉状或小粒状内容物的包装,如粮食制品、洗涤制品、巧克力豆等,以方便控制用量。
( )

二、分析题

1.为什么不同的产品要采用不同的材料进行包装设计?
2.常见的包装结构有哪些?哪些包装结构体现了保护功能和便利功能?

三、项目实践

1.收集市面上的各种包装材料,以 PPT 的形式结合产品本身进行分析。
2.找出不同类型的纸盒包装平面图,根据平面图做出纸盒包装(至少三个)。

第 5 章

包装设计程序

5.1　包装设计基本流程

　　包装设计就行为的意义而言,可以说是人类一种有意识、有计划、有步骤、有目的的具体行为,是一个解决问题的过程,而解决问题需要科学的方法与工作流程。严谨的包装设计流程与步骤是掌握正确设计方法、取得有效设计结果的关键因素之一。

　　包装设计的基本流程主要包括市场调研、调研结果总结、设计操作流程,如图 5-1 所示。

图 5-1　包装设计的基本流程

5.1.1　市场调研

　　包装设计师在接受设计任务前,需要深入细致地研究市场,掌握消费者的购买心理以及同类商品的市场情况;调查研究影响市场定位的各种因素,确认市场的竞争优势;确定目标消费群体对商品的评价标准;等等。因此,设计师是以设计师与消费者的双重身份去市场进行调查与分析的。

1. 市场调研的基本方法

(1)询问法

　　询问法是指调查人员按事先拟好的调查内容,通过询问的方式,了解收集市场情况与信息。调查对象是消费者与商场营业员,设计师需要聆听他们对包装设计和商品的意见与建议,广泛获取第一手资料。调查方式具体包括面谈调查、电话调查、邮寄调查、网上调查等。实施询问法时要有一个完整的询问计划,要注意询问技巧,不能以点代面、以偏概全地总结而影响设计。

（2）观察法

观察法是指调查人员通过直接观察和记录被调查者的活动情况取得调查结果的方法。设计师可以选择有代表性的商场直接了解情况，也可以亲自参与商业活动来收集有关信息资料，了解不同消费者对该产品包装的反应。观察法简便易行、比较灵活，调查者与被调查者之间没有直接接触，不会有心理压力，可以比较客观地收集第一手资料，但观察法易受到时间与空间的局限，适用于小范围的观察。

（3）实验法

实验法是指通过产品的样品小规模实验发售，来研究是否进行大规模推广。其最大特点是它的实践性，具有直接性、可靠性与精确度。

市场调查的方法有很多，设计师要选择适合自己并行之有效的方法。通过市场调查，掌握第一手商品的市场资料，再经过讨论、研究、策划，从而才有产品包装的准确定位。

2.市场调研的内容

（1）对产品及包装调研

关于商品及包装，通常需要了解品牌名称、类型、材料、色彩、功能、同类竞争品牌的相关情况，具体有以下内容。

①产品生产企业的名称和历史状况，该产品的商标与品牌。

②产品的类型：是食品、药品、化妆品，还是五金产品等。

③产品是新产品还是老产品的改进。若是新品牌的包装设计，需要了解品牌名称是否注册，有无标准字体，名称是否需要设计；若是包装改进，需要了解产品原包装的情况，目前与同类产品比较有何优缺点，包装存在什么问题。

④企业要达到的市场目标是什么，对设计有什么具体要求？

⑤目标消费群是谁？

⑥产品外观设计、包装容量和色彩面貌？

⑦产品的原材料及其特性：是固体、气体还是液体，产品的外形特征、体积、重量，产品的化学属性，是否容易变质、受潮和怕光照等。

⑧产品的功能和使用方法。

⑨产品档次和价格定位。

⑩产品的销售渠道，是终端产品还是流通产品，主要销售市场在哪些区域。

⑪产品竞争对手的情况：目前同类产品有哪些竞争品牌；竞争品牌产品具有的优势和存在的问题；消费者接受和拒绝的主要原因是什么。

（2）对消费者调研

设计师需要针对消费者基本特征和购买行为两大部分开展调研工作。消费者的基本特征主要包括年龄、性别、职业、种族、宗教信仰、文化程度、收入、社会地位、家庭结构、风格爱好、购买力等。消费者的购买行为主要包括消费者是在何时何地何种价格水平下购买商品的、为什么购买、为谁购买、购买数量、购买后的使用情况以及使用后的评价等。

（3）对销售地点与方式调研

产品的销售地点从地域的大范围上可划分为国外、国内、城市、乡村、特定民族地区等。从销售方式上主要分为流通市场和终端零售市场两种,流通市场一般指批发市场,终端零售市场主要是专卖店、超市、商场、便利店等。

设计师要深入市场调研,详细了解产品包装的背景,这样才能制定正确的包装设计策略。

5.1.2 调研结果总结

通过市场调研,设计师对企业、品牌、产品、竞争对手、消费者、销售渠道等多方面进行了客观性的整理、归纳,并在此基础上对调研进行总结,根据需要写成调研报告。调研报告要对调研内容进行充分的研究分析,并提出结论和解决问题的方案和计划。

5.1.3 设计操作流程

依据调研结果,设计师的设计操作流程就有章可循,可以实施有目标、有范围的有效设计。

设计操作流程主要包括任务书、设计构想图、设计表现元素准备、设计方案提案、效果图、确定方案、正稿制作、印刷与制作。

1.任务书

任务书应具备相关资料,如表 5-1 所示。任务书的目的是使设计公司或设计师对客户有深入的了解,以便明确设计过程中可能出现的问题与状态。

表 5-1 任务书内容(示例)

具体内容		设计诉求点	
产品内容:1.价格		1.美味	
2.形态		2.健康	
3.原料		3.古典	
4.容量		4.时尚	
5.数量		5.高档	
6.销售方式		6.品牌	
7.销售地区		7.趣味	
包装样式:1.包装形态		8.儿童	
2.形态尺寸		9.性别化	
3.印刷方式		10.其他	
设计概念		同类商品比较	

2.草图

草图即设计构想图,是设计者的最初创意草案,往往会有多个草图供客户参考。草图可用彩色铅笔和马克笔来快速表达设计者的瞬间构想。

3.设计表现元素准备

设计元素的准备主要包括以下几个方面：一是文字部分，主要包括品牌字体、广告语及功能性说明文字的准备等；二是图形部分，在确定方案之前，可由此展示大致的效果，或运用类似的图片或效果图先行替代，方案确定之后，再选用适当的设计表现手法，由相应的人或部门来完成；三是包装结构设计部分，如纸盒包装应准备出具体的盒型结构图，以便于设计的进一步展开。

4.设计方案提案

设计方案的具体化表现，要兼顾艺术性和商业性，准确传达商品的诉求思想，符合既定的定位要求。

5.效果图

选出理想的设计方案，并制作更深入的彩色立体效果图，从而更接近实际成品，直观性更强。

6.确定方案

设计策划与相关部门对立体效果图进行评估和研究，选定方案后进行小批量印刷，观察货架展示及陈列效果。根据市场与消费者的反馈信息，进行一定的修改和调整，从而确定最终的设计方案。

7.正稿制作

设计方案确定后，进行设计正稿制作。主要是确定构图细则和表现技巧，制作摄影图片，绘制图形、文字，选择和确定色彩样卡，设计文件应符合印刷精度、色彩模式及特殊工艺生产要求。产品制图应绘制出正、侧、顶、底的平视图，准确设定包装各部分的尺寸，如出血线、折叠线、切口线等。正稿的制作必须符合国家标准，认真严谨，避免以后在包装中出现重大失误。

8.印刷与制作

包装设计正稿制作完成后就可以进入印刷制作流程。设计师尽可能深入生产一线参与监督，确保设计方案最终有效实现，获得理想的效果。

5.2 包装设计定位

包装的设计定位思想是一种具有战略眼光的设计指导方针，它基于这样一种认识：任何设计的目的性、针对性、功利性都伴随着其局限性而降生。消极的回避、无奈的折中都不能解决问题，唯有遵循设计规律，强调设计固有的针对性，才能收到良好的效果。

5.2.1　包装设计定位方法

定位设计是从英文"position design"直译过来的,是从 1969 年 6 月由美国著名营销专家里斯(A. Ries)和特劳特(J. Trout)提出的定位理论——把商品定位在未来潜在顾客的心中——而得来的。

包装是一个产品的外在形象,而包装设计则是一个产品外在形象的灵魂。包装设计的合适与否直接关系到这个产品是否能够完整地实现它的价值。要想设计出完美的包装设计,就需要以市场的需求为基准。

包装设计需要从它的品牌、象征性、传统性、促销性、差异化和礼品性这几个方面来进行市场的定位。一个包装设计需要有其包装的主题和着重点,以便使这个商品很好地适应市场的需求。

当产品生产完成之后,要经过必要的包装设计才能把它推向市场。包装设计主要是指设计出产品的包装外在形象,让它有一个鲜明的特点,能够更好地推销这种产品。

> **拓展阅读**

定位设计

定位设计是从英文"position design"直译过来的,是从 1969 年 6 月由美国著名营销专家里斯和特劳特提出的定位理论——把商品定位在未来潜在顾客的心中——而得来的。商品包装通过定位设计取得了显著效果。20 世纪 80 年代,欧美的包装装潢设计专家来华交流时,详细介绍了定位设计的理论与方法,对我国包装设计的定位创作方向影响很大,被设计界普遍采用,并得到越来越多人的认同,在商品的竞争中发挥了很大的作用。

国外设计界对定位设计所下的定义为:产品定位是用来激励消费者在同类产品的竞争中,对本产品情有独钟的一个基本销售概念,是设计师在通过市场调研,获得各种有关商品信息后,反复研究,正确把握消费者对产品与包装需求的基础上,确定设计的信息表现与形象表现的一种设计策略。

在包装设计中要更多地考虑如何体现商品的人性化,以争取消费者为目标。设计定位的准确性与否将直接影响包装设计与开发的成败,设计师应充分意识到设计定位的重要性,使设计走向成功。

资料来源:刘雪琴.包装设计教程[M].武汉:华中科技大学出版社,2012:20.

发达国家提出了以"5W"方法来标定产品设计的综合定位:什么商品(what)、卖给谁(who)、什么时间(when)、什么地点(where)、为什么(why),如图 5-2 所示。反映在包装中,第一个"W"指设计首先得告诉消费者,这是什么商品;第二个"W"指这种商品是卖给谁的;第三、第四个"W"提醒设计师不要忘了商品的时空定位;第五个"W"要求设计师用视觉形象作出回答,即为什么要这么设计。

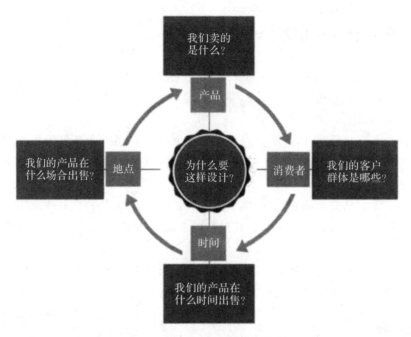

图 5-2　包装设计定位方法(5W)

1. 什么商品(what)

"什么商品"是包装设计所要表达的第一要素。它不仅指设计师应该将该商品的所有信息,包括商品的内容、品牌、如何使用、怎样保存、重量、等级、成分、生产日期、批号及用完后的废弃处理等,用文字或图解方式有条不紊地表示出来,而且还应该调动一切艺术手段,用形和色作为设计语言来塑造富有艺术效果的商品形象。

2. 卖给谁(who)

"卖给谁"这一问题在商品经济落后的时期是不存在的,因为只要是好吃的、好用的,大家都会买,也没有挑选的余地。然而一旦经济发达、物资丰富、商业繁荣,消费者的群体特征和群体差别就会出现,在购买中表现为日益明显的多样化、差别化要求。这一现象告诫企业家和设计师,主观地想要设计出一个人人都喜欢的包装,往往会产生平庸而没有个性的作品。只有依照市场多样化、差别化的规律,针对某一消费群体的现实需求和潜在需求进行设计,才有可能在设计中"领导新潮流",才有可能在"拥塞"的市场中抢滩登陆。

3. 什么时间(when)

"什么时间"是设计的时间依据,是一种时间定位。每种商品、每种包装都有自己的生命周期。"适时"是包装设计的重要原则。不同的商品、不同的消费对象会有不同的适时原则。有的只追求附和流行的审美时尚,一时辉煌过后,不打算要有太持久的生命力;有的要细水长流,追求一种相对持久的庄重,希望不要太受时尚左右。这些各有利弊,应依时而定。

4.什么地点(where)

"什么地点"是设计的地域依据。商品和包装也有自己的根据地。地域特色常常是文化特色的基础。所谓的"东甜西辣、南酸北咸",也不仅仅指口味的不同。

值得注意的是,地域和时间不是一成不变的,而是可以转换的。我们常说某地比某地落后了几十年,这就是地域差造成的时间差。可见在包装设计中机械地认为某地喜欢某色某形,而不做深入的比较研究,不见得就是"适时""适地"之举。

5.为什么(why)

"为什么"除了要求用设计语言对上述四个方面做出明确回答外,更强调包装特有的个性。因为在浩瀚的商品海洋中,同类商品相同的时空定位,针对同一层面消费者的生产厂家绝不会只有一家。如果没有品牌特色,没有新的观念意识,是难以满足人们的求新欲望和喜新厌旧本能的。"为什么"强调了设计的差别化,要求设计者要有创新意识。每位设计者都应该多问几个这样的"为什么",这样才能帮助自己更好更快地明确包装的设计定位,从而缔造出包装艺术的新生命。

5.2.2　包装设计定位方向

1.品牌定位

品牌定位也称商标定位、生产商定位,着力于产品的品牌信息、品牌形象、品牌色彩的表现。商标、品牌是产品质量的保证,对于新产品和知名度较高的产品的包装设计,品牌定位显得尤为重要。

品牌定位向消费者表明"我是谁""我代表的是什么企业、什么品牌"。在日常生活中,品牌定位要解决的问题是:我们究竟要使消费者在多大程度上联想到公司名称(就是说要使用"公司"商标)或公司一种或几种商品品牌。成功的品牌形象定位对营销商品至关重要。产品及企业的标志形象是经过注册,受法律保护的。产品一旦成为知名品牌,就会给企业带来巨大的无形资产和影响力,给消费者带来的则是质量的保障和消费的信心。

品牌定位要求在包装设计的画面上,主要突出商品的标识或企业标识、品牌名称,在以商标定位时,应将色彩、图形、文字三者结合在一起考虑。

2.产品定位

产品定位是指在包装上标明"卖的是什么产品",目的是使消费者通过外包装迅速地了解产品的属性、特点、用途、用法、档次等。

包装设计定位的关键是在包装容器的主要展示面突出产品形象,一般采用摄影(写实或具象)及手绘(拟形)等手段表现内装物。其中,运用摄影的手法十分普遍,它能真实、形象地再现产品的质地和形态,把产品最迷人之处呈现在消费者的眼前,尤其是在表现各类食品的美味感受方面有独到之处。另外,对于色泽较好的食品还可以采用透明度高的容器盛装产品,或采用大面积"开窗"的办法,更能提高食欲,也能方便消费者选购。

在这里我们要考虑的有关产品定位的要素包括产品类别、产品的具体特点、使用方法及场合、价格和水平等。

> **拓展阅读**

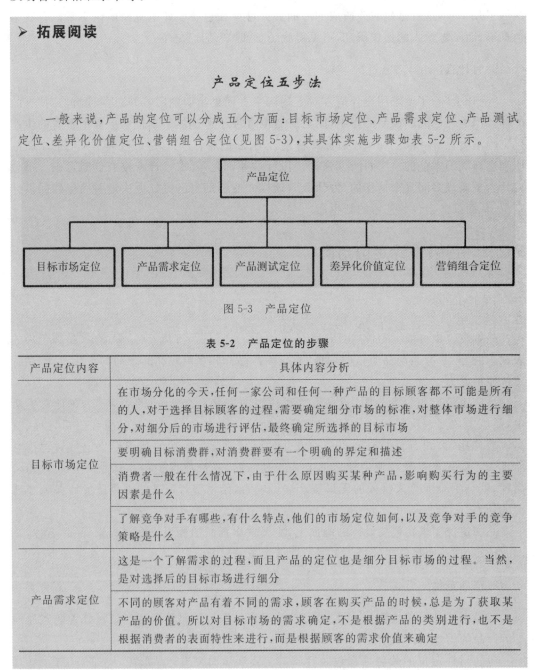

产品定位五步法

一般来说,产品的定位可以分成五个方面:目标市场定位、产品需求定位、产品测试定位、差异化价值定位、营销组合定位(见图 5-3),其具体实施步骤如表 5-2 所示。

图 5-3 产品定位

表 5-2 产品定位的步骤

产品定位内容	具体内容分析
目标市场定位	在市场分化的今天,任何一家公司和任何一种产品的目标顾客都不可能是所有的人,对于选择目标顾客的过程,需要确定细分市场的标准,对整体市场进行细分,对细分后的市场进行评估,最终确定所选择的目标市场
	要明确目标消费群,对消费群要有一个明确的界定和描述
	消费者一般在什么情况下,由于什么原因购买某种产品,影响购买行为的主要因素是什么
	了解竞争对手有哪些,有什么特点,他们的市场定位如何,以及竞争对手的竞争策略是什么
产品需求定位	这是一个了解需求的过程,而且产品的定位也是细分目标市场的过程。当然,是对选择后的目标市场进行细分
	不同的顾客对产品有着不同的需求,顾客在购买产品的时候,总是为了获取某产品的价值。所以对目标市场的需求确定,不是根据产品的类别进行,也不是根据消费者的表面特性来进行,而是根据顾客的需求价值来确定

续表

产品定位内容	具体内容分析
产品测试定位	确定企业提供的产品能否满足消费者的需求,主要是对自身产品的一个改进和改良过程。通过对不同产品的展示,了解消费者对产品的喜好
	对产品概念和顾客认知的分析,针对某特定的产品,考察其解释和传播性
	对同类产品的市场开发度进行分析,从而衡量产品的可推广性和市场偏好。如果整个市场对某一产品存在不信任,那么推出新产品无异于会产生危机
	产品本身的价值很高,但是如果市场上没有需求,或者说市场有很多产品可以满足消费者的需求,那么这类产品的推出很难有广阔的市场
	对消费者的购买行为进行分析,探究消费者的购买心理需求
差异化价值定位	通过解决消费者的需要,企业提供产品以及对竞争者的特点的研究,提供有特色的产品定位
营销组合定位	所谓"营销组合",就是企业对自己可以控制的各种营销因素的综合运用。这种综合运用,是要求企业把各种手段加以优化组合,协调搭配,发挥优势,来占领目标市场,达到营销目标的实现
	营销组合定位就是如何来满足消费者的需求,通过什么样的方式满足消费者的需求,它是进行营销组合的过程

资料来源:张永成.创业与营业:开办一家赚钱的企业[M].上海:立信会计出版社,2014:122-123.

3.消费者定位

消费者定位主要是考虑产品"卖给谁"的问题,表明产品是为谁服务、为谁生产的。消费对象的性别、年龄、职业、兴趣爱好、购买能力等都是包装定位要考虑的因素,在处理上往往采用相应的消费者形象或以有关形象为主体的图形,加以典型性的表现。通过包装画面形象使消费者感受到这件产品是专为自己设计的,或是为自己的家庭和朋友生产的,这是一种很好的营销战略。

在包装设计中需要明确不同的消费群体的需求方向,考虑其生理、心理特点,消费者不同,审美风尚存在差别,欣赏水准各异。要明确产品的使用者是哪些人,什么样的色彩、图案、文字是适合他们的,是他们喜好的。在视觉设计中要表现出产品的特性,根据地域、国家、民族的不同,结合风俗习惯、民族特色和喜好,进行有针对性的设计。另外,消费层次不同,包装的档次也应当有差别。

准确的消费者定位能够最大可能地留住消费者,促使其产生购买行为。产品所针对的消费群体通常也是由商家确定的。

总之,包装设计的风格千变万化,怎样在设计之初就找准方向、确定风格,也是设计表达能否成功的关键。成功的产品包装设计,必须以能适应市场的需要为准则,是产品生产与消费之间的桥梁,它和人们的生活密切相关。

事实上,在多数情况下,每一件包装要突出一个重点,无法做到面面俱到,因为包装的主要展示画面有限,内容过多将冲淡消费者的印象。把要突出的重点放在显著的位置上,其他内容放到后面和侧面。究竟要突出哪方面的信息,则需要通过市场调查,仔细研究产品资料和市场信息,了解和掌握该产品在市场上的地位来决定。若产品品牌众所周知,则应以品牌定位为主;若产品特点鲜明而有优势,则应以产品定位为主;若产品的消费对象很明确,则应以消费者定位为主。

5.3　包装设计构思方法

设计的灵魂是"构思",是设计者把对所要设计产品的全部理解、以往经验、知识、技巧经过思维结合之后的衍生物,是知识、长期实践和"灵感"的总和。在设计创作中很难给出固定的构思方法和构思程序之类的公式。创作多是由不成熟到成熟的,在这一过程中,肯定一些或否定一些,修改一些或补充一些,这些是正常的现象。构思的核心在于考虑表现什么和如何表现两个问题。回答这两个问题即要解决以下四点:表现重点、表现角度、表现手法和表现形式。

5.3.1　表现重点

重点是指表现内容的集中点。包装设计是在有限画面内进行的,这是空间上的局限性。同时,包装在销售中又是在短暂的时间内被购买者认识的,这是时间上的局限性。这种时空限制要求包装设计不能盲目求全,什么都放上去等于什么都没有。重点的确定要对商品、消费、销售三方面的有关资料进行比较和选择,选择的基本点是有利于提高销售。重点的选择主要包括商标牌号、商品本身和消费对象三个方面,选择的基本点是有利于提高销售。一些具有著名商标或品牌的产品,可以用商标或品牌为表现重点;一些具有某种较突出特色的产品或新产品的包装,则可以用产品本身作为重点;一些对使用者针对性强的商品包装,可以以消费者为表现重点。总之不论如何表现,都要以传达明确的内容和信息为重点。确定表现重点实际上就是解决包装定位设计的问题。

5.3.2　表现角度

表现角度是确定表现形式后的深化,即找到主攻目标后还要有具体确定的突破口。例如,以商标、品牌为表现重点,是表现形象还是表现品牌所具有的某种含义?如果以商品本身为表现重点,是表现商品外在形象、表现商品的某种内在属性,还是表现商品的地域特色?是表现其组成成分还是表现其功能效用?事物都有不同的认识角度,在表现上集中于一个角度,这将有益于表现的鲜明性。

5.3.3　表现手法

就像表现重点与表现角度好比目标与突破口一样,表现手法可以说是一个战术问题。表现的重点和角度主要是解决表现什么,这只是解决了一半的问题。好的表现手法和表现形式是设计的生机所在。

不论如何表现,都是要表现内容及其特点。从广义看,任何事物都必须具有自身的特殊性,任何事物都必须与其他某些事物有一定的关联。这样,要表现一种事物或一个对象,就有两种基本手法:一种是直接表现该对象的一定特征,另一种是间接地借助与该对象相关的其他事物来表现事物。前者称为直接表现,后者称为间接表现或借助表现。

1.直接表现

直接表现是一种开门见山、直接传达商品信息的表现手法。其特点是直接、客观地突出商品本身,包括表现其外观形态或用途、用法等。最常用的方法是运用摄影图片或"开窗"方式来表现。除了运用这些客观性的直接表现方式外,还可以运用以下辅助性方式进行表达。

(1)衬托

衬托是辅助方式之一,可以使主体得到更充分的表现。衬托的形象可以是具象的,也可以是抽象的,处理时注意不要喧宾夺主。

(2)对比

对比又叫反衬,是衬托的一种转化形式,即从反面衬托使主体在反衬对比中得到更强烈的表现。对比部分可以是具象的,也可以是抽象的。在直接表现中,还可以用改变主体形象的办法来使其主要特征更加突出,其中归纳与夸张是比较常用的手法。

(3)归纳

归纳是以简化求鲜明,而夸张是以变化求突出,二者的共同点都是对主体形象做一些改变。夸张不但有所取舍,而且还有所强调,使主体形象虽然不合理,但却合情。这种手法在我国民间剪纸、泥玩具、皮影戏造型和国外卡通艺术中都有许多生动的例子,该表现手法富有浪漫情趣。

(4)特写

特写是一种大取大舍,即以局部表现整体的处理手法,以使主体的特点得到更为集中的表现。设计中要注意关注事物局部的某些特性。

2.间接表现

间接表现是比较内在的表现手法,即画面上不出现表现对象本身,而借助于其他有关事物来表现该对象。这种手法具有更加宽广的表现,在构思上往往用于表现内容物的某种属性或符号、意念等。

就产品来说,有的东西无法进行直接表现,如香水、酒、调味品、保健品等,这就需要采用间接表现法来处理。同时,许多可以直接表现的产品,为了求得新颖、独特、多变的表现效果,也往往从间接表现上求新,求变。间接表现的手法主要有比喻、联想、象征和装饰。

(1)比喻

比喻是一种借它物比此物、由此及彼的表现手法,所采用的比喻成分必须是大多数人所共同了解的具体事物、具体形象,这就要求设计者具有较丰富的生活知识和文化修养。

(2)联想

联想是借助于某种形象引导消费者的认识向一定方向集中,由消费者产生的联想来补充画面上所没有直接交代的东西。这也是一种由此及彼的表现手法。人们在观看一件设计作品时,并不只是简单地接受视觉元素,而是会产生一定的心理活动。一定心理活动的意识,取决于设计的表现,这是联想应用的心理基础。联想所借助的媒介形象比比喻形象更为灵活,它可以是具象的,也可以是抽象的。各种具体的、抽象的形象都可以引起人们一定的联想,人们可以从具象的鲜花想到幸福,由蝌蚪想到青蛙,由金字塔想到埃及,由落叶想到秋天,等等;又可以从抽象的木纹想到山河,由水平线想到天海之际,由绿色想到草原、森林,由流水想到逝去的时光,等等。

(3)象征

这是比喻与联想相结合的转化,在表现的含义上更为抽象,在表现的形式上更为凝练。在包装设计中主要体现为在大多数人共同认识的基础上,用以表达品牌的某种含义或某种商品的抽象属性。

象征与比喻、联想相比,更加理性、含蓄。例如,用长城与黄河象征中华民族,用金字塔象征埃及古老文明,用枫叶象征加拿大,等等。作为象征的媒介在含义的表达上应当具有一种不能任意变动的永久性。在象征表现中,色彩的象征性的运用也很重要。

(4)装饰

在间接表现方面,一些礼品包装往往不直接采用比喻、联想或象征手法,而以装饰性的手法进行表现,这种"装饰性"应注意一定的导向性,用这种性质来引导消费者的感受。

5.3.4 表现形式

表现的形式与手法都是解决如何表现的问题,形式是外在的武器,是设计表达的具体语言,是设计的视觉传达。表现形式一般归纳为具象、抽象及两者结合的几种,通常可概括为摄影、插图两大类。

摄影具有画面逼真的效果,能直观、快速、高度准确地传递信息,最大限度地表达物体的质感、空间感,唤起消费者浓厚的兴趣和高度的信任,以产生强烈的购买欲望。在超市里,消费者往往看不到商品本身,只能依靠包装来判断商品的优劣,摄影画面可突出商品形象,一目了然,给人以真实可靠与高质量的感觉。但由于受拍摄限制,很难与同类产品的包装拉开距离。

插图是通过设计师手工绘制的画面,在创造艺术形象的随意性、艺术的取舍与强调上具有独特优势,既可精细地写实描绘,又可夸张、概括地写意描绘和装饰,也可用抽象的表现手法,还可运用幽默漫画的手法表现某种商品,有助于表达商品的特定主题和追求包装的个性特色,具有多样变通性,这是摄影手法所不能代替的。插图既能表达生活中不可能见到或很少见到的情景,如海市蜃楼、太空、科学幻想、古代风情、神话故事等,还适合表现一些商品形象不很美观或不好表现的商品,不论抽象插图、具象插图,还是装饰、卡通与漫画,都具有构思自由、构图独特、发挥想象、强调个性的表现能力,能获得千差万别的视觉效果。

在选择具体表现形式时,设计师具体考虑以下几方面:主体图形与非主体图形如何设计,用照片还是绘画,抽象、具象还是抽象与具象结合,写实还是写意,归纳、简化还是夸张,用卡通、漫画还是装饰,是否采用一定的工艺形式,面积大小如何等。

另外,色彩总的基调如何,各部分色块的色相、明度、纯度如何把握,不同色块的相互关系如何,不同色彩的面积变化如何,品牌与商品名字体如何设计,字体的大小如何,商标、主体文字与主体图形的位置编排如何处理,图形、色彩、文字各部分相互构成关系如何,以一种什么样的编排形式来进行构成,是否要加以辅助性的装饰处理,在使用金、银等无彩色和肌理、质地变化方面如何考虑,等等。这些都是要在表现形式考虑的全过程中加以具体推敲的,在包装设计时,设计师要结合实际情况灵活运用以上这些表现形式。

5.4　包装设计与印刷

印刷是人类文明与信息传播过程中不可或缺的环节,与现代包装设计有着密切的联系。包装设计的最终效果通过印刷在包装材料上的文字、图形、色彩反映出来。随着电子数码技术不断深入人们的生活,电子设备与印刷之间的交流也日益频繁。

作为包装设计人员,应了解不同印刷方式的特点、印刷工艺的表现力、印刷制作的基本流程等知识,同时还应具备一定的计算机辅助设计能力,这样才能有效地结合制作,将设计意图准确地反映出来,甚至为设计效果增光添彩。若设计同印刷和工艺相脱节,会给印刷制作带来很大难度,或使生产成本过高而直接影响到包装成品的效果,造成不必要的损失。

5.4.1　包装印刷的特点与工艺流程

1.包装印刷的特点

包装印刷既有与一般印刷相同的地方,又有一些不同的特点。

（1）包装印刷方式多样化

除了凸版印刷、平版印刷、凹版印刷、孔版印刷等四大印刷方式外,包装印刷还大量采用各种特种印刷方式和印后加工方法。

(2)包装印刷承印物多种多样

包装印刷的承印物一般以包装容器和包装材料为主,除普通的纸张、塑料、金属外,还有玻璃、木材、陶瓷、织物等,形状也种类多样,有普通的纸张类平面型承印物,也有较厚的纸板、纸箱及各种不规则形状和性能的承印物。

(3)质量要求高

包装印刷的图文信息多为有关产品的品牌、商标、装潢图案、介绍、广告、产品使用说明等,因此要求包装印刷品色泽鲜艳光亮、墨色厚实、层次丰富和具有感染力。

2.包装印刷的工艺流程

包装印刷一般要经过印前处理、印刷和印后加工等复制过程。

(1)包装印刷印前处理

包装印刷印前处理就是根据图像复制的需要,对图形、文字、图像等各种信息分别进行各种处理和校正之后,将它们组合在一个版面上并输出分色片,再制成各分色印版,或直接输出印版。

根据包装印刷原稿类型的不同,所采用的印前处理技术方法也有所不同。例如,黑白原稿的印前处理,只需对图像信息处理后,输出一张制版底片,然后制成一块印版;但如果是彩色原稿,印前处理除对图像本身进行各种校正外,还要对图像进行分色处理,一般输出黄、品红、青、黑一套分色片,再制成黄、品红、青、黑一套印版。另外,若是连续调图像原稿,则还需对图像进行加网处理。

(2)包装印刷

利用一定的印刷机械和油墨将印前处理所制得的印版上的图文信息转移到包装制品上,或者直接将印前处理的数字页面信息转移到包装制品上,从而得到大量印刷复制品的过程称为包装印刷。若是单色原稿,则将印版上的图文一次转移到承印物上即可;若是彩色原稿,则印刷时要将黄、品红、青、黑四块印版上的图文分别用相应颜色的油墨先后叠印到包装制品上,获得彩色印刷品。

(3)包装印后加工

包装印后加工是将印刷复制品按产品的使用性能进行表面加工或裁切处理,或制成相应形式的包装制品,如压凸、烫金/银、上光过塑、打孔、模切、折叠、黏合、成型等。

5.4.2 印刷方式

根据技术原理的不同,印刷方式有很多种类,最常见的有凸版印刷、平版印刷、凹版印刷、孔版印刷等,如图5-4所示。此外,还会使用一些特殊的印刷方式,如立体印刷、发泡印刷、喷墨印刷、全息印刷、柔性版印刷等。

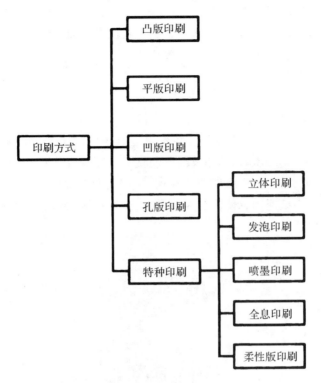

图 5-4　印刷方式

1. 凸版印刷

凸版印刷是发明最早的一种印刷技术,其原理是印刷版面上印纹突出,非印纹凹下。当墨辊滚过时,突出的印纹沾有油墨,而非印纹的凹下部分则没有油墨。当纸张在承印片反面上承受一定的压力时,印纹上的油墨便被转印到纸上,如图 5-5 所示。

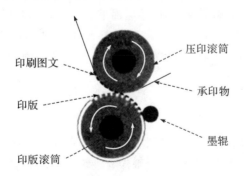

图 5-5　凸版印刷基本原理

凸版印刷主要有活字版、铅版、锌版、铜版、感光性树脂版等。活字版常被用于报纸、杂志、书籍、票据、信封信纸、名片等的印刷上,具体原理是用铅通过铸字机铸成铅字,再排版组合,上机印刷,其缺点是速度慢,劳动强度大,而且铅引起的污染还会影响人体健康,印刷质量不易控制,也不适合大版面印刷。

除文字版可用活字版印刷外,其他插图、美术字、黑白照片及套色照片等都需要通过照相制版,然后制成锌版、铜版或树脂版后印刷。其优点是油墨浓厚,色调鲜艳,文字及图版线条清晰,油墨表现力强。

2.平版印刷

平版印刷是指印版上的图文与空白部分都处于同一平面上,利用油和水相互排斥的原理,使印纹部分保持油质,非印纹部分在水辊经过时吸收了水分。当油墨辊滚过版面后,有油质的印纹沾上了油墨,而非印纹部分吸收了水分不沾油墨。

印刷过程采用间接法,即先将图像印在橡皮滚筒上,图像由正变反,再将橡皮滚筒上的图像转印到纸面上,纸面图像便恢复为正像,又称为胶印,如图 5-6 所示。

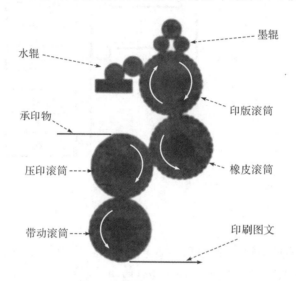

图 5-6　平版胶印基本原理

平版印刷制版简便,成本低廉,套色迅速而准确、色调柔和、层次丰富、吸墨均匀,适合大批量印制,尤其是印刷图片。平版印刷适用范围极广,是现代彩色印刷中的主要手段,通常用于海报、包装、画册、宣传册、杂志、挂历等大批量的印刷;但该印刷方式着色没有凸版印刷厚实,色彩不够鲜艳。

3.凹版印刷

凹版印刷的原理与凸版印刷的原理相反,凹版上的图文部分低于凹版版面。印刷时,印版浸在油墨槽里转动,使整个印版表面都涂有油墨,再经特制的刮墨刀将印版表面的油墨刮净,填充于凹入部分的油墨经压力作用转印到承印物表面的印刷方法,称为凹版印刷。其原理如图 5-7 所示。

凹版印刷的优点:图文凸出有光泽,质感强,层次丰富,不宜仿造,印版耐印力强。凹版印刷的缺点:制版印刷费用高,工艺复杂,不适合小批量印刷。凹版印刷通常用于精美画册、包装纸盒、瓶贴、邮票、纸币等的印刷。

凹版印刷的特点是印版的图文部分是凹进去的,印刷时纸张并不与版上的图文部分

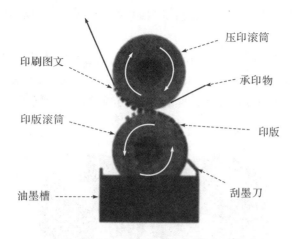

图 5-7　凹版印刷基本原理

直接接触，所以凹版的耐印率很高，适合大批量印刷。但不足就是凹版的制版过程复杂，成本较高。

4.孔版印刷

孔版印刷又称丝网印刷，是利用绢布、金属及合成材料的丝网等作为印版，将印纹部位镂空成细孔，印刷时把墨装置在版面之上，而承印物则在版面之下，印版紧贴承印物，用刮板刮压使油墨通过网孔渗透到承印物的表面上，如图 5-8 所示。孔版印刷被广泛应用于大型广告、海报、书籍封面，以及各种瓷器、玻璃、金属器皿、T 恤、电路板等，是工业印刷上应用最广的印刷方法。

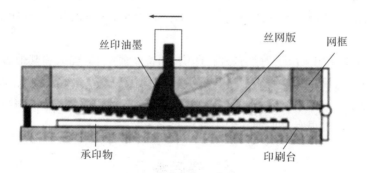

图 5-8　孔版印刷基本原理

孔版印刷油墨浓厚，色彩鲜艳，可应用于任何承印材料（布、塑料、玻璃、木板、金属器皿等）上，且能印在弧面上，操作简便，适用于小批量印刷；但是不能印制较精细的画面，而且大部分用手工操作，速度慢，不适合大规模的印刷（织物印染除外）。

5.柔性版印刷

柔性版印刷按其印版特点来说，应当属于凸版印刷的一种。印版是柔软可弯曲的，通常用橡胶或聚合物作为印版版材，印版表面的浮雕高度常为 0.7 毫米以上。柔性版印刷采用的油墨是一种流动性很好的油墨,干燥速度快,可适应柔性版印刷机高速、多色、一次完成套色的要求。

柔性版印刷机可以有多至八色的印刷滚筒。它的机械结构比较简单,由压印滚筒、印版滚筒、传墨辊、墨斗辊、墨斗和印版压印等部分组成。如图5-9所示,印版安在印刷滚筒上,由网纹辊传墨给印版的浮雕表面,再由印版直接转移压印到承印物表面。

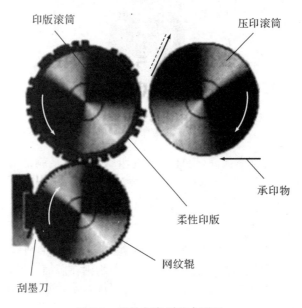

图 5-9　柔性版印刷基本原理

柔性版印刷的印刷质量较好,印刷毒性较弱,油墨可以是油性的或者水性的,具有制版时间短、费用一般、印刷速度快等优点,并且不存在环境污染的问题,耐印力在100万印左右。

早期,柔性版印刷只限于对纸张进行印刷,如特制薄纸、牛皮纸和其他各类纸张;如今它已被用于所有柔性版包装印刷了。它可以对各种塑料薄膜、玻璃纸进行印刷,也可以在铝箔、厚纸板、瓦楞纸上进行印刷,还可以用来印刷折叠纸盒、礼品包装盒纸杯等。柔性版印刷被印刷界公认为很有发展前途的一种印刷方式。

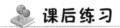 **课后练习**

一、判断题

1.品牌定位也称商标定位、生产商定位,着力于产品的品牌信息、品牌形象、品牌色彩的表现。商标、品牌是产品质量的保证,对于新产品和知名度较高的产品的包装设计,品牌定位显得尤为重要。　　　　　　　　　　　　　　　　　　（　　　）

2.柔性版印刷按其印版特点来说,应当属于凸版印刷的一种。印版是柔软可弯曲的,通常用橡胶或聚合物作为印版版材,印版表面的浮雕高度常为0.9毫米以上。（　　　）

二、分析题

1. 商品包装设计的表现手法有哪些？
2. 包装设计印刷如何做到有新意？

三、项目实践

1. 以"印刷工艺对包装设计的影响"为题进行分析，以 PPT 的形式呈现。
2. 选择当地一家印刷厂进行参观，并完成一份实践报告。

第 6 章

旅游商品包装设计的应用规律

6.1 系列化包装设计

系列化包装设计是将包装的形态、色彩、品名、牌号、组合方式等做成系列,形成一组格调统一的群包装,在设计时遵循多样统一的原则,在统一中求变化,在变化中求统一。系列化包装设计可分为大系列、中系列和小系列,这需要根据不同产品、不同情况来具体确定。

(1)大系列。凡同一品牌下,所有的商品或两类以上商品,用同一种风格设计的包装,称为大系列。完整的大系列不仅指企业内所有产品的设计风格统一,连公司、企业、工厂内所有的一切,包括建筑、设备、办公用品、交通工具、服装、广告宣传等也都是统一的风格。它能强有力地扩大企业影响,有利于创名牌,也是一个企业雄厚实力的最好展示。

(2)中系列。同一商标统辖的同一类商品,按性质或功用相近纳入同一系列的,称为中系列。例如,某一品牌的果汁系列,苹果汁、橘子汁、水蜜桃汁、草莓汁等都是水果汁,属于中系列包装。

(3)小系列。单项商品有不同型号、不同规格、不同口味、不同香型、不同色彩的,称为小系列。例如,某品牌同一种茶叶的包装,有 50 克装、250 克装、150 克装,甚至还有 20 克的小包装,这些都属于小系列包装。

6.1.1 同样式不同色彩的设计

同一品牌的同种产品,造型统一,图案或形象统一,文字的排列一致,只是色彩有变化。此类系列化包装整体感强,应用十分广泛,如五金、电子、食品、洗涤用品、旅游工艺品等。掌握好产品品位、特质等内在因素,处理好色彩的对比与调和关系,是色彩变化的重要条件。

6.1.2　同样式不同图形的设计

同一品牌的不同产品,造型不变,色彩基调、文字品名相同,主要通过变化主画面的方法加以区别。例如,利用不同的系列彩色摄影、装饰图形、卡通图形、几何抽象图形等方法进行设计。

6.1.3　同类商品不同造型的设计

同一品牌、同一大类的不同产品,其造型不一,采用整体风格一致的系列化设计。例如,化妆品类的香水、眉笔、口红等;又如,同一品牌饮料的瓶、罐、杯等。要营造这类设计的统一感有一定的难度,但若抓准色彩、文字、图形等的系列化处理,还是可以在变化中获得一致性的效果的。

6.1.4　内外包装一致的设计

同一种商品中包装与小包装的构成、图形、色彩、文字完全相同,只是由于尺寸比例的不同而使构图稍有变化。这类包装设计的配套处理较为简单,进行相应的移植即可获得统一的效果。

6.1.5　同品牌手法一致的设计

同类商品的规格、色彩、造型都有变化,只有品牌名称不变,可用一致的表现手法将此类包装统一起来。例如,同一个厂家生产同一品牌的全部产品,需形成统一的风格,这一结果取决于在产品开发阶段就必须在产品设计、包装形态、材料与视觉传达设计上设定整体概念,并按照这一概念去实施每一件包装的设计方案。此类变化新颖别致,造型有变化,趣味性强,有较强的吸引力。

6.1.6　不同类商品的组合设计

同一品牌、不同类别的相关产品可以进行配套设计。例如,旅行用化妆品、牙膏、牙刷、香皂等,作为礼品的咖啡、"咖啡伴侣"、杯、勺、糖与营养滋补品等。由于数件产品属同类品牌,在单位产品造型、材料、色彩与包装中应该体现为统一风格,因此外包装的设计只要在这些因素中保持一致,就较易取得系列感。

综上所述,在系列化包装设计的诸多因素中,商标、表现技法这两项是不能改变的,只能改变色彩、造型、规格、位置等可变要素。

6.2　旅游区伴手礼包装设计应用规律

6.2.1　旅游区伴手礼类型

1.传统食品类

食品是消费市场的主要商品，一个成功的传统食品包装可以通过视觉传递，有效激活消费者的味觉。在现代食品包装中，品质化与健康成为设计追随的新理念。传统食品类商品最讲究清洁卫生、营养丰富、鲜美可口，这也是它的商品特点，因此其包装设计应充分体现这些特点，使顾客望而生津、引起食欲。

某些传统食品只会在一定的节日或特定的地区出现，例如，中秋节的传统食品是月饼，端午节的传统食品是粽子，一些旅游地区也会有当地的特色传统食品。不同的地区因不同的习俗，其传统食品的味道也会有所不同，即使在相同的节日里，不同的地区也会有不同的传统食品，因此在设计传统食品的外部包装时更要注意根据文化习俗的不同进行设计，以迎合特定消费群体的需要。如果某个地区一直习惯于食用咸粽子，而该外包装却选用红豆等图案作为包装元素，那必定会起到相反的效果。很多时候，传统食品的包装不仅要起到促进销售的作用，更要让人对家乡或某地区产生回忆和联想，民间美术情感元素恰好可以表达出这份自然淳朴的情感，使消费者在享受商品的过程中也能领略到一份独特的传统文化。这样的包装设计在发扬本土文化的同时带动了当地经济的发展，可以说是一举两得。例如，"钟崎矮竹"鱼糕为了方便消费者对于不同鱼糕的选择，共准备了以鱼鳞或者鱼眼为主题形象的5种不同画面的纸，分别装饰不同鱼糕的包装盒（见图6-1）。

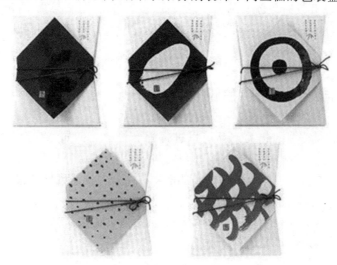

图6-1　钟崎矮竹鱼糕

2. 美妆类

在所有旅游商品中,化妆品是独一无二的,消费者对它的精神需求高于实际物质需求。比如,露华浓创始人查尔斯·雷夫森就曾说过,化妆品公司的产品是希望,而不是唇膏;保险公司出售的应该是金融保障,而不是保单。因此,化妆品包装更应重视与消费者情感上的交流。

女性是化妆品的主要消费群体,化妆产品的包装一定要契合女性消费者的喜好,有针对性地进行设计,满足女性对色彩、视觉等方面的需求,充分契合审美体验的要求。只有科学、合理地应用化妆品包装材料,把握化妆品的整体包装造型,才能够吸引消费者的眼光,使其产生购买欲望,促进化妆品的销售。例如,2019 年,故宫文创再度携手毛戈平推出"气蕴东方第二季"。"气蕴东方"系列第二季新品以故宫传统美学元素为灵感,挖掘国风和潮流碰撞下的无限可能,在包装材料和压粉技术等方面都有了全新的设计,如图 6-2 所示。第二季新品专为故宫 600 周年设计了特别花盒,以太和殿建筑、《明皇试马图》和多种故宫藏品为灵感元素,一匣收尽盛世气象,壮丽秀美尽在其中。其包装材料以金泥画漆中的黑、金两色为主色调,尽显宫廷的奢华气质。

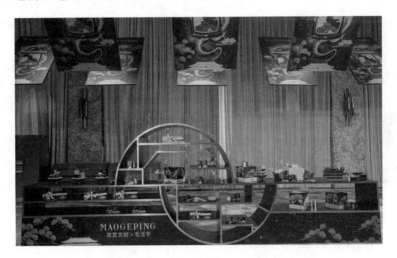

图 6-2　"气蕴东方第二季"新品包装

3. 儿童玩具类

在旅游景区的商品购买点,常见的儿童玩具主要有木制玩具、塑料玩具、塑胶玩具、金属玩具、布绒玩具等。儿童玩具包装设计外观主要采用对比度较大、纯度较高的色彩,这样更易突出主题;外观色彩强烈,冷暖色常交替使用,有较强的吸引力和竞争力,在同等商品中易脱颖而出。设计者要充分结合儿童消费心理学来对儿童玩具类的包装进行设计,一般可采用一些儿童画作为装饰图案或是采用拟人等手法,如卡通动物、人物、数字、景物等,从而引起儿童的喜爱,更贴合市场需求。例如,有别于其他迪士尼乐园或迪士尼商店销售的纪念品,上海迪士尼度假区内超过 50%的纪念品是专门为该度假区打造的。这些产品包括 Q 版的十二生肖玩偶、限量版剪纸风十二生肖的徽章(只有第一年售卖),以及针对婴儿和儿童的维尼熊系列产品等。

4.冷冻饮品类

现代饮品包装设计将消费者与产品当作可以互动的整体来研究,设计师需要在充分认识消费者认知习惯和消费心理的基础上,合理运用结构、色彩、图文以及肌理等视觉要素,对旅游区产品进行行之有效的包装和宣传,以达到促进商品销售的目的。与此同时,伴随着现代科技的进步,新材料、新工艺和新技术不断涌现,设计师可以凭借其呈现更加丰富的包装特色,使得现代饮品包装设计在满足包装功能意义的同时,实现更多艺术审美价值。在 2020 年杭州文博会上,三潭印月、断桥相会、灵隐荷花、七夕梁祝等多种西湖文创冰品的包装设计,吸引了众人的眼光,如图 6-3 所示。其外包装采用明信片形式,而雪糕棒则可以用作书签。在用料方面,这些冰品都选用了健康有品质的原料,比如无添加的稀奶油、上好的麦芽糖浆,还有根据不同口味添加的顶级果酱及食材,像比利时的黑巧克力、日本的草莓干、瑞士的牛奶等,并加以精准的用料配比。该系列冰品的造型灵感,或源自西湖经典景点,或源自与西湖有千丝万缕联系的民间故事,让广大游客在享受美食的同时,也充分感受到了西湖的特色文化。

图 6-3　西湖文创冰品

5.特色农产品类

随着网络信息时代的到来,设计界的信息交流急剧增长,国际设计趋势和优秀设计作品很快得到传播,在包装设计领域我国也受到其他国家的影响,不知不觉中我国的农产品包装设计也从中汲取到养分,并结合自身的特色文化资源向前发展。就目前来看,我国地域农产品包装设计风格总体趋向朴实、简约。农产品包装设计的地域文化视觉元素是其内涵的外在体现,我国设计在跟随国际设计趋势的同时越来越注重对传统文化元素的应用,注重发扬民族文化和地域特色。

地域特色农产品包装设计要找到符合当地特色的农产品包装设计,吸收现代设计特点的同时更要与地域特色文化相结合,从历史故事、人物传说、民俗风情等中寻找传统元素,以此进行再设计。如今很多农产品品牌包装设计融入了中国山水、书法、古诗词等元素,如一些鱼食品包装、茶叶、米酒包装等。但与此同时,要避免地域文化视觉元素在农产品包装上的过度使用,以免混淆包装所要传达的重要产品信息。

农产品的包装材料要根据具体产品的属性细心选择使用,比如,茶叶包装设计时要考虑到茶叶本身会串味的属性,那么就要选用密封性好的材料,而不能选用不防潮、气密性差的材料。在农产品的自然属性得到保护的前提下,就地取材是地域农产品包装选择材料时的一大原则,地域特色同样可以体现在农产品本身之外的包装材料上。农产品的包装使用原生态的材料,不仅体现了绿色环保理念,同时也能让消费者体会到自然的亲和力。原生态的材料,如竹子、竹叶、木头、荷叶等与农产品同属于自然产物,自然融合在一起,体现出原生态的美感。另外,结合地域传统手工艺如竹编技法,更能突显包装的原生韵味。

6.2.2　伴手礼设计的要求

1.充分体现礼品的价值

一件优秀的伴手礼包装能够为礼品增加更多的附加值,不仅能提高礼品本身的价值,还能补充和丰富送礼人的心意,使受礼人获得意料之外的享受和满足。同时,当礼品使用之后,精美、耐久的包装还可以保存下来继续使用,或作为装饰陈设。设计师以特有的智慧,凝练出以"礼"会友的心愿、以"礼"敬人的祝福,给人们带来无穷的乐趣和享受,也使自己的心灵得到了升华。

伴手礼设计时应该注意以下几个方面:是否符合内容物的属性;是否准确地传达出商品的特征;图形、色彩、文字是否具有恰到好处的寓意;表达的方式是否独特并具有个性;是否表达了设计师或企业的一些观念;是否能迎合消费群体的喜好;等等。只有设计师不断探索,勇于学习中外知识、信息,掌握新的设计手段,才能使设计的手法、风格多样化,才能设计出满足不同消费群体需求的伴手礼包装。在这个更加讲究合理、有序的时代,设计师应该把握其设计的分寸感、合理性和科学性,避免过度包装。有的礼品包装不惜成本,本末倒置,包装的成本远远超过商品的价值,造成包装界的浮夸风,使消费者产生反感,同时也造成资源的浪费,不符合现代环保的理念。

2.彰显出伴手礼设计蕴含的文化内涵

(1)传统文化的体现

世界因差异而更加精彩,不同的文化土壤孕育出丰富多彩的艺术之花。我们要尊重民族间的文化差异,首先就要去了解、认识不同文化背景下灿烂的民族文化,各国各民族文化都有着千差万别的内涵,各具特色的礼仪、风俗,且拥有千百种外在表达方式,其中伴手礼是较为重要的一种。好的伴手礼设计应该是把图案、符号、文字、美感、信息、民俗、情谊集于一体的包装。

在传统文化中,对精神文化的享受是平和含蓄的,忌讳过分张扬炫耀。这为伴手礼包装设计开启了新的境界,避免了伴手礼包装常有的华丽,而是表现一种深刻含蓄的文化精神,追求一种超越物质的恬淡而深沉的境界。在这个意义上,伴手礼包装是一种境界的象征,是一种精神的寄托。传统文化不同,民俗民情不同,所体现的内容、形式也各不相同,在伴手礼包装设计中的表现也是千差万别和丰富多彩的。

（2）民族性的体现性

在伴手礼包装上对具有民族特色的吉祥图案的运用已是相当普遍，因为中国传统艺术和民间美术中，就有许多意义深刻、被广大群众所喜爱的吉祥图案，如富贵满堂、三阳开泰、松鹤延年等。这些传统吉祥图案，以自然界物象或传统故事为题材，用寓意、象征、假借、比拟等含蓄的艺术表现手法，表达人们对美好生活的追求和祈望，它着重于吉祥的内涵，而有别于一般的装饰图案。因此，在伴手礼包装上运用吉祥图案，首先需强调的是所用图案应符合包装所要体现的主题与内涵，其次才是视觉美感和对形式的考究与斟酌。每个民族都有自己的吉祥物，每个民族喜好的装饰图案也因地域文化和民族气质的不同，而有着独特的风格趋向。只有把握伴手礼包装中民间民俗的情趣，尊重民间的风情，对千姿百态的各种民间风格深入理解，加以吸收，才能抓住要领。民间艺术给人健康、美好、清新、自然的感受，它五彩缤纷的艺术形象可以给伴手礼包装的设计提供丰富的素材。

（3）艺术性的体现

在伴手礼包装的设计中，应该强调艺术性，注意发挥艺术的诱导效应，强调循序渐进。一件好的伴手礼包装，其打开的过程就是一个艺术欣赏的过程和艺术魅力展现的过程，设计师可以选择不同的切入点，有的是画面本身，有的是包装的结构，有的是包装的方式，也有的是附加装饰。有时它可以让人获得某种启示，懂得品位与美德、情调与情操，从而在礼尚往来之中去体味爱心、锤炼真诚、珍惜友情，认识人际交往中真正可贵的东西。伴手礼包装中的启迪效应是由美而生、由美而发的，离开了美，什么效应都谈不上了。

伴手礼包装的象征性可以增加礼品的情感含量、文化含量、价值含量，可以提升礼品的综合价值，但象征性必须有文化背景的支撑，要有约定俗成的前提，设计师需要有全面的修养，要仔细调查研究、精心策划、反复推敲，才能使伴手礼包装的象征性具有最佳的意义。成功的伴手礼包装既有较好的商业性，又有很强的艺术性和丰富的文化内涵。

6.3　5G 赋能多感官包装设计

5G 时代的到来，使得包装业的发展迎来了良好的发展机遇。不管是包装设计，还是包装生产，抑或包装使用和管理，都可以在某些方面与 5G 技术进行有机对接。未来的包装设计，应该充分利用 5G 技术所带来的种种可能性，在进一步强化包装智能设计、减量设计、安全设计和体验设计的同时，不断拓展包装设计的新领域、新途径和新方法。

6.3.1　5G 赋能多感官包装体验设计

"体验＋"已经成为一种生活新境界，在这样的时代背景下，体验式包装也逐渐浮出水面。设计者将该商品及其包装设计、生产的整个流程以 VR（虚拟现实）的形式进行呈现，消费者通过扫描二维码等方式获取身临其境的体验感受。体验式包装已经不单纯是一个包装,其同时也成为个性化休闲娱乐的一部分,甚至可以是一个生动有趣的产品广告。例如,"茅台醇12星座"酒,以神奇的星运传奇故事为基础,利用物联网、北斗定位等科技打造出精美绝伦的 AR(增强现实)互动场景(见图 6-4),人、物、场完美融合,让人犹如置身宇宙星空。消费者通过扫码即可获得产品信息,扫描产品外包装,星座景象即映入眼帘,品牌互动效果达到巅峰,让消费者对茅台醇印象变得深刻起来。

水瓶座
AQUARIUS
1月21日—2月19日

柔和酱香型白酒
酒精度:53%vol
净含量:375ml

图 6-4   "茅台醇12星座"酒

6.3.2   5G 赋能多感官包装设计的表现手法

1.基于视觉的设计

视觉是人们对文创产品包装的最直接认识,第一印象会直接影响消费者的购买行为。文创产品有显著的文化特征,设计者需在包装中呈现文化属性,利用符号、构图或色彩搭配等方式,突出文化特征。例如,2019 年中秋之际,颐和园与百年老字号陶陶居联合推出"颐和一盒"文创月饼礼盒(见图 6-5)。这款月饼的设计灵感来源于乐寿堂的粤绣"百鸟朝凤"屏风、凤凰、喜鹊等 6 种瑞鸟和佛香阁、十七孔桥等 6 种建筑,搭配金腿五仁、蛋黄莲蓉、红枣核桃等传统月饼口味,走的是经典路线。"颐和一盒"还汲取中国皇家园林文化代表颐和园的皇家园林景色以及传统文化精粹。其中,"颐"有着修身养性之意,"和"为适中、恰到好处、刚柔并济之意;"一盒"中的"盒"通"合",为一起、共同之意,亦为一人一口的分享之意,寄托了"一盒月饼,颐和心愿"的美好团圆寓意。

图 6-5 "颐和一盒"月饼礼盒

2.基于触觉的设计

消费者在购买产品时,不仅会看外观包装,还会用手触摸包装材料,体会产品包装的质感与肌理。在感官设计理念中,设计者需基于触觉展开包装设计,通过新型材料的应用,丰富文创产品包装的触感,提高文创产品的档次。同时,设计者可创新包装制作工艺,如可采用磨砂工艺,在包装材料表面形成颗粒感、雾面感,使文创产品包装更具层次,给消费者一种大气典雅、祥和安静的感觉,提高文创产品包装的艺术性,激发消费者的购买欲。

3.基于嗅觉的设计

心理学理论指出,气味是人类最深处的记忆,在消费者闻到文创产品包装某种熟悉的味道时,可在脑海中回忆味道的来源,引导消费者产生情感体验,提高产品对消费者的吸引力,从而产生购买行为。在感官设计理念的应用中,设计者需基于嗅觉展开文创产品包装设计,包装中的味道来自特殊的包装材料或印刷工艺。例如,部分儿童类文创产品的设计者会在印刷中引入油墨味或水果味吸引儿童的注意力,使儿童对文创产品包装产生喜爱之情。

4.基于听觉的设计

在文创产品应用中,消费者的"开箱体验"也是影响其产生购买行为的要素之一。以往的文创产品包装设计受技术限制,基本上所有文创产品均为"无声的"。在电子信息技术普及的当下,设计者可以引入 MP3 等功能,使文创产品包装"发声",丰富消费者的开箱体验,为消费者带来更多惊喜,引导消费者产生购买行为。例如,对于儿童类文创产品,设计者可在外包装中安装 MP3,在儿童打开包装盒的同时播放音乐或介绍产品,为儿童带来惊奇的体验,提高文创产品包装的用户体验好感度。

课后练习

一、判断题

1. 系列化包装是"针对企业的全部产品,以商标为中心,在形象、色彩、图案和文字等方面采取共同性的设计,使之与竞争企业的商品容易识别"。　　　　　　　（　　）

2. 同一个厂家生产同一品牌的全部产品,需形成统一的风格,这一结果取决于在产品开发阶段就必须对产品设计、包装形态、材料与视觉传达设计设定整体概念,并按照这一概念去实施每一件包装的设计方案。　　　　　　　　　　　　　　　　（　　）

3. 在感官设计理念中,设计者需基于触觉展开包装设计,通过新型材料的应用,丰富文创产品包装的触感,提高文创产品的档次。　　　　　　　　　　　　　　（　　）

4. 一个旅游商品包装的视觉效果、创意等都会给人带来不同的情绪感受,因此情感也是决定购买的一个因素。　　　　　　　　　　　　　　　　　　　　　（　　）

二、分析题

1. 系列化包装对产品市场营销起到的积极作用有哪些?

2. 同类商品包装之间有何异同点? 如何呈现品牌的个性特色?

3. 基于用户体验,请谈一谈产品包装设计的实用性。

4. 以消费者为中心的体验式包装设计分析。

三、项目实践

1. 对某品牌或产品的系列化包装设计的形式和产品境域进行分析,以 PPT 的形式呈现。

2. 运用不同的设计思维方法进行系列化茶叶容器造型设计。最终选择三个较理想方案绘制成效果图,并制作出立体包装形态及绘制出结构图。

3. 收集市场上的某一款多感官包装,并分析其使用了哪些设计工艺。

4. 阐述基于情感体验的杭州运河土特产类产品包装设计。

第7章

旅游商品包装设计项目实践

7.1 项目1:开化本土特色商品包装设计

7.1.1 项目主题

在品牌设计的基础上,从开化旅游特色商品中选择一种或多种进行创意包装设计,也可自行选择其他具有开化本土特色的商品,既可进行单独包装设计也可进行组合包装设计。

7.1.2 作业要求

(1)原创性。必须是独立原创作品,无仿冒或侵害他人知识产权的情况。

(2)地域性。结合开化人文历史,融入特色风土人情,能够突出开化地域特色。

(3)创新性。设计独特新颖,体现创新创意,具有技术与艺术融合创造的商品特质;不得与当下市场中的产品同质化。

(4)市场性。贴近生活,贴近市场,具有市场价值,鼓励可实现批量生产的创意设计。

(5)时尚性。具有时代特征,符合消费的流行趋势。

7.1.3 开化特色旅游商品简介

1.开化龙顶茶

开化龙顶茶是浙江省十大名茶之一,也是中国名茶之一。该茶采于清明、谷雨间,选取长势旺盛枝梢上的一芽一叶或一芽二叶初展为原料(见图7-1)。开化龙顶茶外形紧直挺秀、银绿披毫,香气馥郁持久,滋味鲜醇爽口,具有干茶色绿、汤水清绿、叶底鲜绿的"三绿"特征,被誉为"杯中森林""水中芭蕾"。

图 7-1　开化龙顶茶

2. 开化根雕

　　开化是中国根雕艺术之乡。有人说,"世界根雕在中国,中国根雕看开化"。开化根雕艺术源远流长,将自然之美与工匠的主观创造性有机结合,可以是大型摆件,也可以是小摆件、挂件、画框等(见图 7-2)。小根雕作品便于携带,造型精美,可以作为装饰品和观赏品为居家增添亮点。

图 7-2　开化根雕

3.开化山茶油

开化山茶油取自油茶树的种子,将茶籽去壳,晒干,粉碎,榨油,过滤,全程均为物理方法。开化山茶油中不含芥酸、胆固醇、黄曲霉素和其他添加剂,是真正的纯天然绿色食用油(见图7-3)。开化山茶油以苏庄镇产最为著名。

图 7-3　开化山茶油

4.开化青瓷

开化青瓷属于婺州窑的分支。现代开化青瓷吸收了龙泉、景德镇窑青瓷的优点,烧出的青瓷具有胎质坚硬细腻,线条明快流畅,造型端正浑朴,色泽纯洁而斑斓,釉色晶莹如玉的特点(见图7-4)。

图 7-4　开化青瓷

5.开化石砚

开化石砚因其"全皮籽料,纹如玳瑁,色墨坚润,个性鲜明"而受到历代文人墨客和收藏家的追捧,是我国历史上的五大石砚之一(见图7-5)。主要取材于浅滩溪流之中,石质坚实细腻、温润如玉,石品多且色彩丰富,发墨而不损笔锋,成砚十分大气。

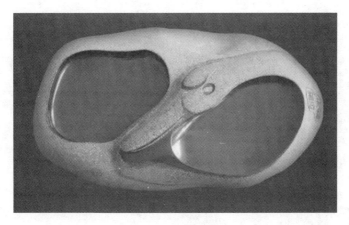

图 7-5　开化石砚

6.开化马金豆腐

开化马金豆腐代表着浓浓的乡愁,不仅历史悠久,也是属于马金当地独特的味道。马金豆腐制品种类繁多,白豆腐、豆腐干、藏制豆腐、豆腐乳、豆腐皮为其中的主要产品(见图7-6)。因为后期工艺的不同,它们的味道在基础的马金豆腐味上呈现出不同的特色。

图 7-6　开化马金豆腐干

7.开化冻米糖

开化传统冻米糖被誉为"华东十大特色小吃",同时也是浙江省非物质文化遗产(见图 7-7)。冻米糖主要采用冻米和饴糖两种原料,此二者又取材于优质糯米和大麦,这些优质材料必须在优良的生态环境当中才能获取,而地处浙江西部、钱塘江源头的开化就具备了这样的自然条件。

图 7-7　开化冻米糖

8.开化山珍

食用菌是一类营养丰富的烹饪食材,味道鲜美,开胃生津。开化山珍自古有之,香菇、黑木耳、金针菇等菌类丰富(见图 7-8),开化还有着"中国金针菇之乡""中国黑木耳之乡"的美誉。

图 7-8　开化黑木耳

9.开化野葛粉

开化野葛粉是从野葛根中提炼出来的一种纯天然滋补品。葛根经水磨、澄取而成的淀粉,具有解热除烦、生津止渴之功效,可用于减缓烦热、口渴、醉酒、喉痹、疮疖等(见图7-9)。

图 7-9 开化野葛粉

10.开化土蜂蜜

开化土蜂蜜为当地蜜蜂采集多种花蜜而成,品质优良,相比传统蜂蜜,它在美容、减肥、养生等方面效果更好。开化土蜂蜜含有丰富的蛋白质、氨基酸、维生素、微量元素和酶类、核酸、黄酮类等100多种营养物质,色泽红润,黏稠度高,保质期长(见图7-10)。

图 7-10 开化土蜂蜜

11.开化清水鱼

开化清水鱼喝的是山泉水,吃的是嫩青草,所以肉质鲜嫩紧实、雪白晶莹、入口鲜美,营养价值极高(见图7-11),可直接购买鲜鱼带回家烹饪,也可购买清水鱼干,都是不可多得的美味。

图 7-11　开化清水鱼

12.开化气糕

顾名思义,开化气糕就是用水蒸气蒸出来的米糕,采用粗糙的早稻米为原料,香糯可口,洁白晶莹,松软有弹性。开化气糕采用优质山泉水,在当地独特的气候条件下自然发酵,炊制而成,素有"东方比萨"之美誉,可煎可烤,味美至极,还可烘干制成气糕干,是开化独有的特色小吃(见图7-12)。

图 7-12　开化气糕

13. 开化青蛳

开化青蛳是当地的河鲜美味,因其肉质鲜嫩可口、风味独特、营养丰富,素有"盘中明珠"之美誉(见图7-13)。青蛳对水温、水质和周围环境的要求极高,必须生长在流动的清澈溪水中,因此出了开化便鲜有青蛳。2014年5月2日,美食纪录片《舌尖上的中国2》在CCTV-1播放,着重推介了开化青蛳。

图7-13 开化青蛳

14. 开化番薯干

开化农家素来有制作番薯干的传统。将番薯先水洗后削皮,用山泉水煮熟,再放在太阳下晒或用炭火烘烤,这样纯手工制成的番薯干香甜软糯可口,是不可多得的美味(见图7-14)。

图7-14 开化番薯干

7.1.4 概念发散

在考察、调研的基础上,发现、挖掘浙江省衢州市开化县传统文化中的精髓,通过再设计创新,使传统艺术发挥新的作用,为设计服务。认真向传统造型艺术学习,提取具有开化本土特色的图形、装饰元素和精神内涵,用现代的设计观念和表现方法,创造出符合现代设计需要的、具有开化特色的全新的设计形式。以传统元素作为概念发散的起点,借助时尚的目光,触动再创造的活力,将过去、现在与未来连接起来,奏响现代的交响曲。

7.1.5 设计步骤

为更好设计出具有开化本土特色的商品包装,实践者可按照如表 7-1 所示步骤开展设计活动。

表 7-1　设计步骤及具体内容

设计步骤	具体内容
考察调研	通过实地考察、调研,采集样本、图片、文字及相关信息资料,充分了解开化当地的民风、民俗,指导教师要注意积极引导实践者认真学习民族传统艺术,努力探讨传统艺术的现代延伸和拓展的方法
效果图	选择较好的构思方案,进行深入讨论,并画出效果图
与企业沟通	和企业进行有效沟通,听取意见,同时结合市场部、商业营销部等部门的意见,对方案做适当的调整
修改调整	根据企业提出的修改意见,不断调整、完善方案
平面展开图	绘制包装盒的展开图,以备打印、折盒(要注意展图的排版方式,减少纸张的浪费)
打印与包装盒制作	将打印稿折叠制作成完整的包装盒,同时完成其他相关设计的制作
成果发布与展示	将设计过程、设计说明及完成的作品制作成版面,以备展览和汇报用

7.2　项目 2:"丽水山耕"核心产品包装设计

7.2.1 项目主题

自 2016 年以来,浙江省丽水市加快推进农产品向旅游地商品转化,健全农产品旅游地商品营销体系。无论景区景点、民宿农家乐,还是高铁站、汽车站、高速服务区,都有着风格统一的旅游地商品购物网点。

　　紧紧围绕市场需求，以粮食、食用菌、茶叶(饮品)、水(干)果、蔬菜、中药材、畜禽、笋竹、山茶油、水产等农产品或加工产品为重点，挖掘人文地域特色，将丽水农产品与现代艺术性、实用性相结合，制作出具有深厚的农耕文化，并集艺术性、纪念性、实用性和便携性于一体的农产品设计包装。

7.2.2　作业要求

　　(1)注重地方特色性。要充分考虑旅游者在地域跨度、思想观念和生活方式等方面的差异，立足地理位置、资源优势和产业特点，将农产品旅游地商品创意包装设计与地域特点、产业特色、民俗传统和农耕文化相结合，创出新意开发"唯我独有""唯我独优"的农产品旅游地商品包装，体现独特的丽水痕迹。

　　(2)注重艺术性、礼品性。要实现艺术性和礼品性的兼容，不仅要求造型优美、玲珑精巧，更要讲究图案、词语喜庆吉祥，适用于作为礼品赠送他人。同时，在设计上多追求形式美、工艺美、易使用和功能强等特点。

　　(3)注重方便易携性。要体现"小、简、艺、精"的特点，要便于商品的拆分和重组，使商品变得轻巧，易于携带、易于保管。包装设计要多关注细节，不仅为消费者考虑到细处，更要尽量体现对人性及生存环境的深度关怀。

　　(4)注重形式多样性。图案样式、文字形式、色彩运用都要尽量达到让人耳目一新的感觉。图案、文字要强调差别性设计，色彩要追求强烈的视觉冲击效果，采用符合当地和产品特点的独特色彩，要尽量体现民间艺术等元素。包装材料要提倡生态理念，尽量以自然材料或传统手工艺品为主，具有明显的乡土气息。

7.2.3　丽水特色旅游商品简介

1.缙云土爽面

　　缙云土爽面也称爽面、索面，是浙江省丽水市缙云县的一种特色传统美食，主要产于舒洪镇姓王村，该村几乎家家户户制作土爽面，每年的产值达到 600 万元。缙云土爽面于 2008 年被评为丽水市非物质文化遗产，2011 年被评为丽水市"处州十珍"农产品(见图 7-15)。

　　缙云土爽面烧制时可拌、可炒、可烧汤，因其细长、柔韧、滑软而成为缙云民间节庆和待客的传统佳肴。简单的一根土面，用的食材却很考究：农家的麦粉，以传统农耕方式有机栽培，加上一定量的水和海盐，盐的用量是有说法的——盐过量，面条容易脆；盐不足，面条容易糊，且韧性不足。除了这些，便没有更多的添加剂和辅料了。

　　面团要和六次以上，再细分搓条，上箸、串面一鼓作气。制作土爽面还需要用到不少看起来复古的道具。用传统的竹筷对拉，也称"上箸"。面团百般揉捏，激发其韧性，左右穿插，样子就像拿面条来打绳。上箸的样子有点像拉面，但是比拉面更细长如索，故称"索面"。

图 7-15　缙云土爽面

2.庆元甜橘柚

庆元甜橘柚是 1998 年原浙江省庆元县志东杂柑试验场从日本引进的杂柑类新品种（见图 7-16）。该品种综合性状良好，具有明显特点，耐寒性强，适应性广，抗病性强，丰产稳产，杂交优势明显，既有八朔柚的贮藏性，又有温州蜜柑的抗寒性。树姿开张，树势较强，深受果农和消费者喜爱。果实扁圆形，紧实，果梗部略呈球形，果顶部平坦，果皮橙黄色。果面不太光滑，果品商品性好，果个均匀，剥皮略难，同胡柚相近，果肉橙黄色，风味甜而清口，质优而独特，柔软多汁，有橘和柚的香气，符合我国人民群众食用习惯和口味。耐贮藏，供应期长，采摘后即可食用，12 月上旬成熟，又可贮藏至翌年 5 月。可溶性固形物含量达 12％以上，平均单果重 230 克左右。

图 7-16　庆元甜橘柚

丽水庆元县是我国甜橘柚种植面积最大的产地。据庆元县农业局统计数据，种植面积为 1.258 万亩，每亩产量达 2000 千克左右，总产量达 2.516 万吨，总产值达 2.1 亿元。

3. 丽水山茶油

丽水种植油茶树、加工生产山茶油历史悠久,素有"浙西南油库"美誉(见图 7-17)。油茶树是我国特有的食用油料树种,也是国家重要的战略资源。油茶树具有寿命长、适应性强等特点,且不与粮食、茶叶等农作物争夺耕地,经济价值较高。山茶油是一种优质食用油,有"东方橄榄油"的美誉,山茶油经深加工后还可制成精油、化妆品、皂素等系列产品;茶壳可提炼茶碱、制造洗发剂等。

图 7-17　油茶树

山茶油是山茶籽榨的油,常用于拌饭、拌面等。其主要有四大功效:第一,润肠通便;第二,抗衰老,对动脉硬化、高血压、心脑血管疾病也有一定的好处;第三,涂抹可防晒、去皱,还有预防体癣、头屑、脱发等功效;第四,可搭配洗发剂或者护发素使用,可防止皮肤瘙痒、慢性湿疹等。

4. 丽水饮用水

丽水素有"中国生态第一市""秀山丽水、养生福地、长寿之乡"等美誉。丽水是六江之源,瓯江、钱塘江、闽江、飞云江、灵江和福安江的源头都在丽水。丽水全市人均水资源是全国的 3.5 倍,地表水环境功能区水质达标率 98%,自然山水的各项指标均符合世界卫生组织确定的"长寿地区优质饮用水标准";全市森林覆盖率达到 81.7%,位居全国第二;生态环境状况指数连续 15 年全省第一,生态环境质量公众满意度连续 11 年全省第一,全市水、气环境质量均进入全国前十。2019 年,生态环境部首次公布了全国 333 个地级以上城市水质排名,丽水市排名全国第六,同时也是全国三十名榜单中浙江省唯一上榜的城市;而空气质量排名更是全国第四、全省第一。水、气环境质量均进入全国前十的城市,全国唯一,独此一家!

5. 庆元香菇

庆元香菇是中国国家地理标识产品。人工栽培香菇始于南宋,相传系由生于南宋建炎四年(1130年)庆元县一位名叫吴三公的农民发明。1989年,经国际热带菌类学会主席张树庭教授考察研究,确认庆元是世界人工栽培香菇技术的发祥地,并亲笔题写了"香菇之源"匾额。1992年7月,台湾大学植物系教授李瑞青一行来庆元考察后,亦认定香菇技术的发祥地是在中国而不是日本。2002年6月12日,原国家质检总局批准对"庆元香菇"实施原产地域产品保护。

香菇是高蛋白、低脂肪的营养保健食品,富含氨基酸、多糖与微量元素,"241-4香菇"市场俗称"241香菇",菌肉质地致密,耐贮存,鲜菇口感嫩滑清香,干菇口感脆而浓香,外观与口感几乎可以与椴木香菇相媲美,被消费者亲切地称为"平价椴木香菇"。菇盖面呈草帽状尖顶,新鲜菇盖上披鳞片状绒毛(见图7-18);干菇菇盖外表面颜色特别深,呈茶褐色或深褐色,菇盖内侧颜色与椴木香菇相近,呈淡黄色。

图7-18　庆元香菇

7.2.4　概念发散

在考察、调研的基础上,发现、挖掘浙江省丽水市传统文化中的精髓,通过再设计创新,使传统艺术发挥新的作用,为设计服务。认真向传统造型艺术、民间美术学习,提取具有丽水本土特色的图形、符号、装饰元素等,用现代的设计观念和表现方法,创造出符合现代设计需要的、具有丽水特色的全新的设计形式。以传统元素为起点,采用"头脑风暴"等方式不断发散思维,借助时尚的目光,触动再创造的活力,将过去、现在与未来有机连接起来。

7.2.5 设计步骤

为加快推进农产品向旅游地商品转化,更好地设计出具有丽水本土特色的商品包装,实践者可按照如表 7-2 所示的步骤开展设计活动。

表 7-2 设计步骤及具体内容

设计步骤	具体内容
考察调研	通过实地考察、调研,采集样本、图片、符号、文字及相关信息资料,充分了解丽水当地的民风、民俗。指导教师要注意积极引导实践者认真学习民族传统艺术,努力探讨传统艺术的现代延伸和拓展的方法
效果图	选择较好的构思方案,进行深入讨论,并画出效果图
与企业沟通	和企业进行有效沟通,听取意见,同时结合市场部、商业营销部等部门的意见,对方案做出适当调整
修改调整	根据企业提出的修改意见,不断调整、完善方案
平面展开图	绘制包装盒的展开图,以备打印、折盒(要注意展开图的排版方式,减少纸张的浪费)
打印与包装盒制作	将打印稿折叠制作成完整的包装盒,同时完成其他相关设计的制作
成果发布与展示	将设计过程、设计说明及完成的作品制作成版面,以备展览和汇报用

参考文献

［1］Soestbergen M V, Jiang Q, Zaal J J M, et al. Semi-empirical law for fatigue resistance of redistribution layers in chip-scale packages［J］. Microelectronics Reliability, 2021, 120.

［2］Zhai X M, Guan C Y, Li Y F, et al. Effect of different soldering temperatures on the solder joints of flip-chip LED chips［J］. Journal of Electronic Materials, 2020, 50: 796-807.

［3］蔡惠平, 鲁建东, 张笠峥, 等. 包装概论［M］. 2 版. 北京: 中国轻工业出版社, 2018.

［4］陈晓梦, 时光, 刘静. 包装设计［M］. 北京: 航空工业出版社, 2012.

［5］胡娉. 产品包装设计与制作［M］. 2 版. 北京: 北京交通大学出版社, 2013.

［6］李娟. 包装设计色彩［M］. 南宁: 广西美术出版社, 2005.

［7］李良. 食品包装学［M］. 北京: 中国轻工业出版社, 2017.

［8］李帅. 现代包装设计技巧与综合应用［M］. 成都: 西南交通大学出版社, 2017.

［9］刘雪琴. 包装设计教程［M］. 武汉: 华中科技大学出版社, 2012.

［10］秦杨, 黄俊, 金保华. 包装设计［M］. 西安: 西安交通大学出版社, 2015.

［11］唐兴荣. 论文创农产品包装设计中乡土价值的构建——以台湾"掌声谷粒"产品包装设计为例［J］. 中国包装, 2017(4): 26-30.

［12］王安霞. 包装设计与制作［M］. 北京: 中国轻工业出版社, 2013.

［13］王安霞. 产品包装设计［M］. 南京: 东南大学出版社, 2015.

［14］魏风军, 贾秋丽, 刘浩. 绿色包装领域核心文献、研究热点及前沿的可视化研究［J］. 包装学报, 2016(4): 1-7.

［15］魏风军, 刘梦蕊. 基于食品创新应用的新型抑菌降解纸包装材料概览［J］. 今日印刷, 2019(9): 56-58.

［16］魏然. 地域农产品包装设计的艺术化态势探析［J］. 美与时代(上), 2017(3): 100-102.

［17］张驰博. 包装设计与制作［M］. 广州: 华南理工大学出版社, 2015.

［18］张永成. 创业与营业: 开办一家赚钱的企业［M］. 上海: 立信会计出版社, 2014.

［19］郑小利. 包装设计理论与实践［M］. 北京: 北京工业大学出版社, 2016.

［20］朱和平. 包装设计［M］. 长沙: 湖南大学出版社, 2006.